DESPERTAR! DESTRAVAR! SALTAR!!!

ÉRIK DAVID

Presidente:
Mauricio Sita

Vice-presidente:
Alessandra Ksenhuck

Chief Product Officer:
Julyana Rosa

Diretora de projetos:
Gleide Santos

Capa:
Danielle Vieira Neves

Diagramação e projeto gráfico:
Gabriel Uchima

Revisão:
Rodrigo Rainho

Chief Sales Officer:
Claudia Pires

Impressão:
Gráfica Trust

Dados Internacionais de Catalogação na Publicação (CIP)
(eDOC BRASIL, Belo Horizonte/MG)

D249d
David, Érik.
Despertar! Destravar! Saltar!: as bases metafísicas da TQA – Terapia Quântica Aplicada / Érik David. – São Paulo, SP: Literare Bbooks International, 2023.
248 p. : il. ; 16 x 23 cm

Inclui bibliografia
ISBN 978-65-5922-649-8

1. Metafísica. 2. Terapia quântica aplicada. 3. Espiritualidade. I. Título.

CDD 110

Elaborado por Maurício Amormino Júnior – CRB6/2422

Literare Books International.
Alameda dos Guatás, 102 – Saúde – São Paulo, SP.
CEP 04053-040
Fone: +55 (0**11) 2659-0968
site: www.literarebooks.com.br
e-mail: literare@literarebooks.com.br

DESPERTAR!
DESTRAVAR!
SALTAR!!!

ÉRIK DAVID

MEUS AGRADECIMENTOS

...Primeiramente, ao Todo Universal, que me permitiu viver para testemunhar as maravilhas de toda a sua Criação...

...Aos meus Pais, que do Oriente Eterno testemunham que os seus ensinamentos e o seu amor neste plano, valeram a pena...

...A minha terapeuta, Dra. Martha Gedda, que com a sua paciência, dedicação e amor me fez enxergar que tudo passa, por mais duro e sofrido que seja...

...A todos os meus Mestres deste Plano, assim como, dos Planos Superiores, por terem me mostrado o Caminho...

...A minha mulher, Patrícia, que pelo seu Amor, me resgatou do Vale da Sombra da Morte e me faz querer a cada dia ser um Ser Humano melhor para que eu seja digno deste Amor. Eu te Amo a Eternidade! Gratidão Infinita!...

...À minha filha Maria Clara, que me fez sentir o que é o Amor Incondicional e que, com a sua vinda, mudou a minha vida para sempre...

...Ao amigo João Bosco, que acreditou em mim, me estendeu a mão e me apoiou, quando eu não achava que isso seria possível...

...À parceira de negócios, Thalita Pinheiro, pela sua contribuição maiúscula na disseminação da TQA para o mundo...

...A toda a equipe TQA que, com a dedicação, caráter, competência e comprometimento, contribuiu para que a TQA chegasse até este nível de excelência!...

...A todos aqueles que de algum modo contribuíram para que eu pudesse chegar até aqui...

...E, finalmente, a todos os algozes por sua contribuição para o aumento do meu aprendizado neste Planeta Escola...

COMO TUDO COMEÇOU...

Oi! Essa parte do livro não foi escrita pelo Érik, mas, sim, por mim Patrícia. Você vai entender o porquê ao longo do livro. Entenderá também o quanto esse prelúdio é essencial para fechar a história. Esse capítulo é como um *grand finale* de uma brilhante ópera ainda que seja posto ao início dela. A razão disso, repito, explicar-se-á por si durante a própria história.

Sou a quarta filha de uma família com cinco crianças. Meu pai era advogado, professor, vice-presidente na associação de bairros. Minha mãe cuidava da casa, dos filhos e fazia vendas como autônoma.

Aos dez anos, num sábado, eu e meus irmãos brincávamos na rua com as outras crianças. Naquele instante presenciei meu pai se sentindo mal. Estava sentado, na costumeira cadeira de trabalho que ladeava a mesinha localizada embaixo da grande janela vertical, na sala de casa. Corri para lá, mas já o encontrei com um lado do corpo paralisado e sem conseguir falar.

Imediatamente, fui chamar minha mãe. Ela estava na copa da casa. A partir daí, minha memória já não é bem detalhada, pois tudo aconteceu muito rápido. Sei que alguém me tirou de lá, uma pessoa veio com um carro emprestado e levou meu pai para o hospital. Após esse episódio, me contaram que meu pai havia ido para o céu construir uma casinha para nós todos morarmos. Como uma criança inocente, acreditei e não entendia a comoção e a tristeza dos meus irmãos e da minha mãe. Na minha cabeça, nos reencontraríamos em breve para morar na tal casinha.

Minha mãe, viúva, com cinco crianças pequenas e sem uma profissão definida, se viu diante de vários desafios. Tornou-se uma fortaleza para sustentar e cuidar de todos nós. Minha tia Lúcia, que já morava conosco, foi uma pessoa importante na nossa infância, trouxe beleza e leveza para nós. Só dois anos mais tarde entendi que me contaram essa história para aliviar meu coração e aí sofri o luto do meu pai. Nesse momento de dor, iniciei meu caminho espiritual e minha tia se tornou uma grande protetora. Cresci me sentindo preterida, em relação especialmente à minha irmã mais velha. Ao me tornar uma jovem mulher, desenvolvi um sério problema de coluna e só depois (já com o auxílio da TQA) é que fui entender por que desenvolvi esse problema de saúde. Hoje, vivendo uma situação semelhante à da minha mãe, viúva e com uma filha para criar, tenho uma compreensão ainda mais profunda que minha mãe fez o seu melhor para cuidar de nós. O que nos aproximou ainda mais.

Quando Lúcia, minha tia, foi diagnosticada com câncer de mama, entrei em desespero. Tenho um amor imenso por ela e a vi naquele momento uma idosa sem conseguir se aposentar, sem plano de saúde, sem reserva financeira e com um câncer a ser tratado. Contei com a ajuda de muitos amigos, com "vaquinha" e doações. Foi assim que ela conseguiu fazer os exames necessários pela rede particular, até conseguir o tratamento pela rede pública.

O procedimento começou com cirurgia para a retirada de parte da mama; na sequência, quimioterapia; e logo após, radioterapia. Em determinado período do tratamento, ela perdeu muito peso, ficou bem fraca e debilitada. Eu a acompanhava toda sexta-feira ao hospital nas sessões de radioterapia e ali tive a oportunidade de conhecer muitas pessoas que praticavam o bem sem olhar a quem. Esse gesto me encantava.

Fiquei tocada com as pessoas que iam até lá, dedicar o seu tempo e o que tinham para oferecer aos irmãos que ali estavam. A alimentação, em especial, me chamava a atenção, pois todos os dias tinham comidas diferentes. Eram comidas boas, gostosas, feitas na hora, com o tempero chamado amor. Alguns profissionais como psicólogos, fisioterapeutas e advogados, também se colocavam à disposição para auxiliar os pacientes, simplesmente por amor ao próximo.

Num desses dias, já no final da tarde, quando estava no pátio aguardando a finalização da quimioterapia da tia Lúcia, um rapaz novo, me chamou muito a atenção. Ele estava bem vestido, com a manga da camisa dobrada e dando a impressão de que trabalhara o dia todo. Identificou-se e falou que estava lá para oferecer o serviço dele como advogado. Explicou a existência de uma lei no Brasil, que favorece a pessoa diagnosticada com câncer, para o requerimento da aposentadoria. Disse que poderia auxiliar quem precisasse nos trâmites jurídicos e concluiu: "Essa é a minha forma de praticar a caridade, é doar o meu tempo e meu conhecimento para auxiliar o próximo. Quem tiver interesse estou aqui, é só me procurar".

Naquele momento muitas pessoas juntaram-se em volta dele e achei aquilo fantástico. A beleza da atitude do rapaz é que as pessoas geralmente não possuem esse conhecimento, nem os meios para ter acesso ao benefício, por isso fiquei encantada com a ação. Aquele exemplo diante de meus olhos me fez refletir, pois o rapaz poderia estar em qualquer outro lugar, num bar, por exemplo, mas escolheu doar seu tempo numa sexta-feira à noite para estar a serviço da ajuda ao próximo. Na hora me veio uma inspiração, acendeu uma luz: "Olha só, a gente acha que ajudar o próximo é só doar uma roupa, um dinheiro, uma comida, mas não, você pode doar seu tempo, sua disposição e sobretudo o seu amor". Naquele momento, uma chave virou na minha cabeça sobre a prática da caridade.

Um tempo depois, em um dia de sessão de radioterapia, minha tia estava mais fraca e falava comigo como se estivesse se despedindo. Ao deixá-la no hospital, percebi a ausência de algumas pessoas que também faziam tratamento no mesmo dia que ela. Perguntei por elas e me falaram que haviam falecido. Entrei em pânico, saí e desci a rampa do hospital correndo para entrar no meu carro. Recordo-me que chovia, já era início da noite e chorei muito. Naquele instante fiz uma oração com o coração: conversei com Deus, falei que, se minha tia tivesse a permissão de ficar um pouco mais conosco, eu dedicaria minha vida para ajudar o próximo. Escutei, em seguida, impressionantemente uma voz de alguém bem próximo a mim: — "Faça jus a sua experiência de vida".

Olhei para os lados, para trás e não vi ninguém. Estava sozinha. Procurei mais um pouco em volta para ter certeza de que não havia alguém por perto do carro falando comigo, mas não tinha. Dei-me conta de que Deus havia respondido e, ainda, me perguntei:

— "Mas, o que fazer?" Me veio à memória o advogado que aqui referenciei e compreendi como seria minha forma de auxiliar quem precisa. Mas ainda ficou uma dúvida: "Como começar?".

Naquela época, eu já havia feito a formação em Reiki. Ao pensar em ajudar o próximo, doando o meu tempo e meu amor, o Reiki veio como resposta. Aí senti aquele quentinho no coração e fiz outro compromisso com Deus, de que dedicaria a minha vida para a prática da caridade.

Fui ao Espaço Terapêutico Harmonia, onde havia feito a iniciação em Reiki. Lá reencontrei João Bosco Gouthier, o nosso "Bosco", e nos tornamos cada dia mais amigos, pela comunhão de ideias, pensamentos e interação, o que aconteceu desde o primeiro dia que nos vimos. Era uma alma familiar, um reencontro de almas.

Fizemos mais cursos no espaço terapêutico e decidimos alugar uma das salas do espaço para podermos praticar a caridade. Iniciei o atendimento de diversas pessoas com Reiki todos os sábados e domingos, sem cobrar qualquer valor, com o simples objetivo de doar meu tempo e amor para auxiliar o próximo.

Minha tia Lúcia começou a melhorar e, quanto mais ela melhorava, maior era meu movimento e desejo de ajudar o próximo. Minha agenda começou a ficar cheia e comecei a fazer mais cursos para ajudar mais e mais.

Conheci, nessa época, o Thetahealing - um conjunto de técnicas de terapia energética e meditação que consegue identificar e transmutar crenças limitantes. Providenciei, então, um atendimento para que minha tia Lúcia fosse tratada. Foi muito impactante. Fiquei impressionada com o resultado que ela apresentou, e decidi que precisava estudar a técnica para ajudar ainda mais as pessoas que atendia. Naquele mesmo tempo, comecei a frequentar um Centro Espírita que uma amiga me apresentou. No dia que cheguei lá, verbalizei: - "Aqui eu vou trabalhar e estudar... aqui é o meu lugar".

Intensifiquei tudo que podia em prol do amor. Tratava as pessoas com Reiki no Espaço Harmonia e, no "Centrinho", eu cuidava da espiritualidade. Nesse lugar conheci Érik David.

Ouvia dizer que ele havia falido empresarialmente, perdido tudo o que tinha e se separado da esposa. Era um cara muito reto, não ficava de muita conversa com as pessoas; chegava e se concentrava nos trabalhos. No Centrinho tinha um grupo de estudos. Quando ele participava era ótimo, pois era notória a riqueza do conteúdo que apresentava constantemente. Ficava olhando para ele e pensando: — 'esse homem é triste'. O trabalho assistencial do Centro era chamado de "Corrente", no qual os trabalhadores do local eram escalados toda semana para fazer oração nas casas dos irmãos necessitados. Eu me esforçava para participar dos diversos trabalhos do Centro e para os atendimentos de Reiki.

Em um dos dias, fomos chamados para fazer uma oração para um irmão que estava internado na UTI, de um Hospital em Goiânia. Érik também estava lá, numa sexta-feira, às onze horas da noite.

Não tinha amizade com ele, só o cumprimentava formalmente, mas gostava de ouvi-lo falar, pois sempre apresentava assuntos inteligentes. Naquele dia, criei um movimento para conversar com ele, pois sentia vontade de ajudar aquele homem que andava sempre sozinho e com o olhar tristonho. Chamei-o, então, para ir comigo comprar um lanche para a filha daquele paciente internado na UTI. Aproveitei o momento e puxei assunto. Falei sobre a minha inscrição para fazer o curso de Thetahealing. Como ele não conhecia, pediu mais explicações. Não satisfeito com minha resposta, perguntou o nome da autora da técnica e o valor que pagaria no curso.

Na quarta-feira seguinte, Érik entrou em contato comigo e me disse:

—"Patrícia, você já fez o curso de Thetahealing?"

Respondi: —"Ainda não, será esse fim de semana".

—"Pode fazer" – retrucou ele.

Fiquei curiosa e o indaguei sobre o motivo de seu contato. Ao que ele me respondeu:

—"Quando você falou sobre o curso, achei que fosse história da carochinha e fui estudar para te convencer a não gastar dinheiro com isso. Estudei o livro da autora, na sua versão original, em inglês, e, para mim, fez todo o sentido, por isso estou te ligando".

Agradeci e fiquei impressionada com a atitude dele. Fiz o Curso Básico no final da semana, mas achei a técnica complexa. Depois fiz o Módulo Avançado, na esperança de começar a praticar a técnica com mais propriedade, mas ainda sentia insegurança na aplicação dos comandos. Por isso, acabei não aplicando esse conhecimento num primeiro momento.

Eu não aplicava a técnica, pois tinha insegurança e continuei apenas com os atendimentos da forma que eu já fazia. Como Érik compreendeu bem a técnica com a leitura do livro, eu o procurava para tirar dúvidas e percebi que aprendia mais com ele do que aprendi no próprio curso. Ele era solícito e me incentivava a ler os outros livros da autora, no entanto ainda sentia receio de errar nos comandos. Então continuei atendendo por amor, apenas com as técnicas de Reiki.

Em um determinado dia, a proprietária do Espaço Harmonia, a mestra de Reiki, Andréia Porto, perguntou se algum terapeuta se habilitava a atender, de forma gratuita, uma criança de nove anos com alergia severa a quase todo tipo de alimento.

De imediato, me prontifiquei e iniciei a aplicação de Reiki. A criança melhorava, mas essa melhora não se sustentava a ponto de não precisar mais voltar. Ao perceber que precisava de algo mais para complementar o Reiki e sustentar o tratamento de forma significativa, procurei Érik, contei sobre o caso e pedi auxílio para cuidar da criança. Ele me recomendou usar a técnica de Thetahealing. Expressei minha insegurança de fazer os comandos errados. Ouvi dele uma excelente explicação sobre alguns caminhos possíveis dentro da prática, que não havia entendido no curso. Diante de tanto conhecimento, pedi a ajuda dele para aplicar a técnica. De início ele recusou, alegando que não poderia pois não tinha feito o curso e não possuía o certificado. Eu respondi que o certificado desse ato se chamava AMOR. Ele concordou em me auxiliar.

No dia do atendimento, Érik pediu para conversar inicialmente com a mãe da criança, explicando que não era terapeuta, apenas um estudioso que acompanharia o atendimento, se ela autorizasse. A mãe concordou e entramos os três para a sala de atendimento. Érik trouxe uma ferramenta originada dos estudos da Nova Medicina Germânica. Primeiro perguntou à menina se ela se lembrava de algum evento acontecido no último ano que a houvesse feito chorar ou a deixado triste. Imediatamente, a criança começou a chorar de soluçar. Ele ficou muito preocupado. Peguei na mão dela e falei:

— "Calma, você quer contar pra titia?"

Ela concordou e falou sobre uma briga que presenciou entre o pai e sua madrinha. Após esse desentendimento, o pai a proibiu de ver a madrinha, o que a deixou muito triste. Coincidentemente, a mãe relatou que naquela época começou a ter reações alérgicas.

Érik falou:

— "É isso, Patrícia, pode aplicar os comandos de Thetahealing."

Quinze dias depois, a menina não tinha mais nenhuma manifestação alérgica. O acontecimento nos deixou impressionados.

Naquele momento, eu atendia muitas pessoas com Reiki e os resultados eram satisfatórios. No entanto, percebi que poderia ir além para auxiliar ainda mais as pessoas. Foi quando pude notar a alegria nos olhos do Érik ao testemunhar a melhora que a criança apresentou em apenas uma sessão. Não hesitei em oferecer nossa sala para que ele pudesse contribuir em outros atendimentos, o que o deixou extremamente feliz. Posteriormente, ele fez o curso de Thetahealing e passamos a atender juntos nos finais de semana.

No Espaço Harmonia também tínhamos um grupo de estudos entre os terapeutas. Convidei Érik para participar desse grupo, pois ele poderia contribuir muito com seus conhecimentos. Sua participação inicialmente foi sutil, trouxe argumentações embasadas nos estudos que fazia. A dinâmica dos estudos mudou e duplas ficaram responsáveis em apresentar um tema de sua livre escolha semanalmente. Foi natural, formamos um par. Logo na sequência, ele trouxe um tema polêmico para nos apresentar: Geometria Sagrada.

A apresentação foi marcante, pois abriu a mente das pessoas que participavam do grupo de estudo. Por fim, ele virou o professor do grupo. Todos queriam apenas ouvi-lo, pois trazia temas que os terapeutas ainda não conheciam ou tinham conhecimentos superficiais. Assim, ele nos auxiliava a compreender melhor as técnicas que aplicávamos. Trouxe os conceitos da Física Quântica, assunto que estava estudando e os relacionava com as técnicas, como o Reiki, Thetahealing, Constelações e outros estudos que ele pesquisava para nos apresentar.

Após uma mudança na dinâmica daquele Espaço Terapêutico, Bosco, inquieto e precisando soltar sua criatividade, resolveu se mudar e abrir o seu próprio espaço de terapias, o Instituto Rumos. Eu tinha uma convicção, uma intuição muito forte, que os dois, Érik e Bosco, precisavam se conhecer melhor, pois era visível a afinidade instantânea que tiveram entre si e em estudos, troca de conhecimentos e temas afins. Em função disso, Bosco voltou a participar das reuniões de estudo. Um dia, quando os dois já tinham conhecimento de suas capacidades e cultivando amizade verdadeira, Bosco comentou com Érik que esse conteúdo poderia ter assinatura própria, criar o próprio método, pois trazia um estudo rico, que ninguém mais tinha e informação que agregava valor ao trabalho de cada terapeuta, entendendo o real efeito das técnicas. Foi realmente uma virada de chave!

Nós mergulhamos em estudos e cursos. Fazíamos reuniões semanais e muitas práticas. Começamos, então, a adotar, a registrar padrões, a observar cada partilhante com os seus saltos e, finalmente, a perceber a importância do desenvolvimento da Terapia Quântica Aplicada (TQA) para auxiliar as pessoas.

A TQA que conhecemos hoje foi compilada naquela época, por nós três com a base estruturada no AMOR. Foram tempos de muitos estudos, pesquisas, reuniões intermináveis, viagens em busca de conhecimentos, aplicações e testes, uma imensa dedicação e enormes esforços. Para que a técnica se expandisse, contamos na época com a parceira de negócios Thalita Pinheiro, que contribuiu para a divulgação da TQA na internet. Assim espalhamos este trabalho no mundo com amor e por amor. Então, tivemos a total consciência de que a TQA é do mundo e para o mundo.

Nas páginas que se seguem, você encontrará as bases da TQA - Terapia Quântica Aplicada e descobrirá como uma técnica simples e prática pode transformar vidas. Não só a vida de quem recebe diretamente a técnica, como também das pessoas próximas que a recebem indiretamente. Percebemos, em nossa caminhada até aqui, que esta metodologia auxilia na expansão da consciência humana, a fim de elevar a vibração tanto de quem a aplica, como de quem a recebe.

O encontro entre mim, Érik e Bosco mudou as nossas vidas. Bosco virou nosso irmão, eu e Érik construímos uma vida a dois, transformada em três vidas com a chegada da nossa filha.

O que esperamos para você, leitor, é que nestas páginas, você também consiga mudar a sua vida. Por isso, convido-o para vir comigo nesta jornada de Despertar para um universo de infinitas possibilidades, Destravar aquilo que o prende e Saltar para uma vida mais feliz e realizada.

A jornada

A TQA iniciou de forma embrionária, na minha caminhada, naquele dia chuvoso dentro de um carro em que pedi a Deus a oportunidade de conviver mais tempo com a minha amada tia Lúcia. Selou-se quando tive a oportunidade de conhecer o Érik e entender o verdadeiro sentido da minha vida. Tomou corpo e forma quando o Bosco ocupou seu lugar nessa tríade.

Para você conhecer melhor Érik David, homem que, com sua luz, humildade, retidão e profundo conhecimento sobre quântica, esteve ao meu lado nos últimos anos como companheiro de vida, na espiritualidade e na TQA. A partir dessa pequena introdução, darei voz a ele, para que conte parte de sua história.

A Consciência Érik David e sua jornada até a TQA

"Eu sou Érik Silva David, filho de Genésio David Amaral e Eleusa Cândida David. Formamos uma família de quatro irmãos, filhos do meu pai e da minha mãe e mais uma irmã que veio antes, num primeiro relacionamento do meu pai.

Éramos uma família simples, mas muito feliz. Havia uma presença enorme de Deus nas nossas vidas. Reinava a harmonia entre nós e tínhamos o mais profundo sentimento de amor.

Eu me lembro de uma das primeiras lições do meu pai em um momento de lazer, quando colhíamos milho numa roça e do nada perguntei a ele: 'Pai, o que é Deus?' Ao que ele respondeu, segurando nas mãos uma espiga de milho e retirando somente um grão, mostrou-me e disse: 'Deus está aqui e está em todos os lugares'. Nunca mais esqueci essa lição, que me fez pensar durante toda a minha vida.

Iniciei-me nas artes marciais aos oito anos de idade, passei pelo judô, taekwondo, chegando ao 5º DAN de Hapkidô. Aprendi a disciplina, a retidão, a ter foco e compromisso na vida, nessa minha caminhada. O prazer pela leitura e a dedicação aos estudos, iniciaram também nessa fase da minha infância.

Comecei a trabalhar aos treze anos de idade na empresa da família. Estudei Engenharia Eletrônica e Telecomunicações na UFG e, por me destacar, tive a oportunidade de construir uma carreira executiva ainda jovem.

Migrei para a área de gestão de negócios, onde fiz mestrado e iniciei o doutorado. Fiz carreira como executivo em algumas empresas multinacionais e fui diretor-geral em uma delas. Em 2007, consegui abrir minha empresa e, pouco tempo depois, mais outras duas.

Fui casado por vinte e cinco anos e tivemos sete gestações que não progrediram, por conta de abortos espontâneos. A última tentativa foi bem traumática, tentamos fertilização e não deu certo. Mesmo com tantas dificuldades, eu sonhava muito em vivenciar a paternidade.

Voltando ao assunto da minha vida empresarial, vi as minhas empresas crescerem e consegui construir um patrimônio sólido.

Ainda me recordo como se fosse hoje, uma sequência de reveses e surpresas desagradáveis, pois, em apenas um mês perdi toda minha carteira de clientes e os poucos que sobraram não quitaram as dívidas com a minha empresa. Mesmo com minha *expertise* na área, as empresas não resistiram à crise financeira que abateu o país naquele ano de 2015. Apesar do conhecimento em gestão, gerenciamento de projetos e especialista em finanças, perdi literalmente tudo, as empresas e todo meu patrimônio.

Vi-me completamente falido, precisando da ajuda dos outros. Naquele momento, algumas pessoas em quem eu confiava simplesmente me viraram as costas. Eu tentava contato pelo celular com alguns amigos, esses não me atendiam, pois imaginavam que eu iria pedir-lhes dinheiro. Infelizmente, assim como meus negócios, meu casamento também acabou. Estava sozinho, falido e sobrevivendo da caridade de algumas poucas pessoas, que me tinham fé. Por mais que tentasse entender, era difícil conceber aquela situação. Fui morar num quartinho no setor Jardim América, em Goiânia, só com meus livros e a minha espada (um instrumento conquistado com muito esforço e disciplina nas artes marciais). Eu não tinha dinheiro sequer para fazer a feira no final de semana. Raríssimas pessoas me auxiliaram e me deram forças para continuar minha jornada. Foi um processo muito doloroso. Naquele momento de tempestade, tentava me manter firme procurando uma solução para a minha vida, meus únicos recursos eram contar com as verdadeiras amizades e com a iluminação do Criador.

Um tempo depois, em 2016, um dos meus irmãos pediu para que eu o acompanhasse em um tratamento espiritual para tratar de hérnia de disco, em uma cidade próxima de Goiânia, chamada Itapuranga. Meu papel seria ser o motorista, pois a dor que a hérnia provocava nele o impedia de dirigir aquela distância. Lembro-me de que chegamos ao local antes das seis horas da manhã e fomos atendidos por volta das quinze horas.

O atendimento espiritual ao meu irmão foi rápido, resumiu-se a um passe e uma preparação de ervas, conhecida como 'garrafada'. O mesmo médium que atendeu meu irmão me olhou fixamente nos olhos e pediu a todos que saíssem da sala, permanecendo apenas uma assistente para auxiliá-lo durante o tratamento que faria comigo. Iniciou pela minha coluna, que apresentava cinco hérnias de disco, na sequência visualizou que estava com um problema sério na próstata e também nos meus olhos. Eu tinha ciência de que esses males me rodeavam, mas não tinha ido lá com a intenção de passar por estas cirurgias. Para a minha grata surpresa, mesmo sem ter um corte ou qualquer sangramento, senti todo o tratamento. Foi maravilhoso. Ao sair de lá, a dor na coluna que me incomodava vinte e quatro horas por dia desapareceu. Ao chegar em casa, fiz o melhor 'xixi' da minha vida, pois estava com dificuldade para urinar, sentia dores fortes sempre que tentava. Eu havia realizado recentemente um exame oftalmológico e o médico me informou que havia um deslocamento de retina e seria caso cirúrgico. Após a cirurgia espiritual, voltei para uma nova consulta e o médico, surpreso, me disse que eu estava curado e ele não sabia como.

Não entendia como aquilo poderia ter acontecido comigo. Como engenheiro eletrônico, a minha compreensão de mundo é racional, pautada nos conceitos lógicos da física clássica e da matemática. Até aquele dia, questões metafísicas e espirituais simplesmente não existiam na minha concepção. Então, comecei a estudar a Bíblia Católica, a Bíblia Evangélica, as obras de Allan Kardec, o livro Tibetano Dos Mortos, o Xintoísmo, o Budismo, o Alcorão, a Torá, a Gnose, a Teosofia e a Filosofia. Mesmo assim, continuava sem respostas. Até o dia que conheci a Patrícia num centro espírita em Goiânia.

Encontramo-nos em uma atividade do Centro que frequentávamos, para fazer oração a um amigo hospitalizado. Naquela oportunidade, Patrícia comentou a respeito de seu desejo de fazer um curso de Thetahealing. Como não sabia do que se tratava, ela me explicou que era um curso que ensinava a fazer comandos para ressignificar as questões das pessoas. Na hora, não acreditei muito naquilo, e pedi o nome da autora da técnica. Minha intenção era evitar que ela gastasse tempo e dinheiro com algo que talvez não funcionasse.

Acessei, então, o material original da autora, ainda em inglês e li sobre o DNA Básico, e DNA Avançado. Percebi o quanto era sério o estudo e falei a Patrícia:

— 'Pode fazer o curso, tem algo que faz sentido'.

Foi quando mudei o foco dos meus estudos e entendi o meu papel de cocriador daquela realidade que estava vivendo.

Conheci o Reiki, apresentado pela Patrícia, e isso despertou em mim interesse para o estudo das terapias integrativas: Apometria Quântica, Constelações Sistêmicas Familiares, PNL, Hipnose Ericksoniana (me apresentado pelo meu amigo Bosco), Barras de Access, já que somente as religiões, as doutrinas e os dogmas não me deram as respostas que buscava. Mal sabia que ainda tinha muito a aprender.

Um dia, assistindo a um programa de entrevista na TV, acompanhei a fala de um físico que tinha acabado de descobrir o Bóson de Higgs usando um acelerador de partículas, explicando sobre o Universo e Teoria do Big Bang. Uma espécie de explosão silenciosa, de uma energia altíssima aconteceu dentro de mim. Naquele momento algo despertou.

'As Escrituras estão falando de quântica? Será que é isso que está falando?'. Indaguei-me.

E completei meus pensamentos com uma passagem de Gênesis: 'No início era só escuridão. E Deus ordenou: Faça-se a luz e a luz foi feita'.

Atordoado, peguei a Bíblia e comecei a ler as passagens: 'amar a Deus sobre todas as coisas e ao próximo como a si mesmo', 'os dez mandamentos', 'olhai os lírios do campo', 'tudo o que pedirdes crendo que receberam vocês receberão' (esta expressão ecoou forte em meus pensamentos). E tudo foi se encaixando, se conectando de uma maneira que não consegui controlar. Era como se não fosse eu. Havia uma força de uma luz incrível sobre mim.

Algum tempo depois, Patrícia me chamou falando que em seus atendimentos tinha uma criança que sofria de uma alergia severa e totalmente descontrolada. A criança comia frutas e tinha reação alérgica, fechava a garganta e necessitava de socorro médico urgente. Ela me pediu ajuda nesse atendimento, pois ainda não se sentia segura em aplicar os comandos de Thetahealing. Com a permissão da mãe, acompanhei a sessão e auxiliei a Patrícia na aplicação da sequência de comandos, utilizando as terapias que até então já tínhamos estudado. Passados quinze dias desse atendimento, a mãe da criança entrou em contato com Patrícia e contou que a menina não apresentava mais alergias.

Em um dia de estudos no espaço terapêutico onde Patrícia atendia, conheci o Bosco e nos tornamos amigos quase que de imediato, pois foi um encontro de almas.

Naquele dia, ao conversar com Bosco, uma fala dele me chamou a atenção: 'Érik, assim como existem várias terapias que usam as mãos, a impostação das mãos, nós temos uma energia que vai muito além disso. Poderíamos começar a pensar em como transmitir essa energia do bem para fazer o bem; para melhorar a vida das pessoas; para dar um novo caminho, um novo impulso'.

Naquela época, Bosco enviava Reiki e energizações positivas para uma filha dele que morava e fazia um intercâmbio em um país do continente europeu. Por várias vezes, ela confirmava ter recebido uma energia boa que lhe dava forças para sua caminhada.

E a partir dali, começamos a pensar em como enviar essa energia para onde fosse necessário, independente da distância, pois algumas experiências já corroboravam que podíamos enviar energia para pessoas em lugares distantes. Fizemos centenas de atendimentos.

Durante os atendimentos, apareceram alguns casos em que os comandos não eram efetivados. Por meio da visão remota, Patrícia percebia que o comando não era aceito pela pessoa em atendimento. Então, graças aos estudos que fazíamos da obra do Dr. Hamer, da Nova Medicina Germânica, pudemos perceber que a causa raiz relaciona-se aos impactos das emoções, confirmado pelo fato do Dr. Hamer conceber que as doenças são protocolos biológicos que respondem a um conflito emocional. Esse estudo foi associado ao importante material do Dr. David Hawkins, que desenvolveu a Tabela Hawkins do Nível da Consciência, uma das chaves para o entendimento da causa raiz para ativar os processos de ressignificação das pessoas.

Ao combinar os conhecimentos com a ordem das emoções do Dr. Hawkins, a TQA ganhou corpo. Os comandos foram efetivados e passamos a encontrar a causa raiz de forma mais precisa. A cada dez pessoas que atendíamos, nove saíam ressignificadas. Situações como depressão, síndrome do pânico, vitiligo e psoríase, fibromialgia, alopecia e outras doenças foram tratadas com base na quântica.

Percebemos que utilizar os comandos verbais e mentais em sessões presenciais ou a distância tinham a mesma efetividade. Fizemos centenas de testes com a mesma taxa de resolução, chegando aos 95% de assertividade.

Passamos a atender pessoas do mundo inteiro e vimos os efeitos positivos naqueles que começamos a chamar de partilhantes. Nesse momento, confirmamos que a TQA teve um salto e, de cada cem pessoas, noventa e cinco ressignificavam suas questões. Os 5% dessas pessoas que ainda não conseguiam ressignificar, em geral, era porque não haviam concedido a permissão por algum motivo: apego à doença por algum benefício paralelo ou aquelas pessoas que desistiram, impossibilitando assim o acesso do campo energético.

A partir desse momento foi possível perceber que quando mudamos de frequência e passamos a vibrar de forma positiva, atraímos isso para nossas vidas.

A técnica que tínhamos acabado de desenvolver respondeu muitas perguntas. Além disso, acabou me dando um propósito de vida, pois, quanto mais eu trabalhava auxiliando o próximo a alcançar sua luz, a realizar seus próprios saltos, minha vida também se transformava.

Minha maior vontade sempre foi ter uma família e essa oportunidade manifestou-se em minha vida quando tive a oportunidade de realizar meu grande sonho de ser pai, a partir do pedido da Patrícia para que fosse seu doador em um processo de inseminação. Durante a gravidez, nosso amor surgiu e nos tornamos, de fato, uma família. A nossa filha Maria Clara, um ser de Luz, iluminou nossas vidas e deu sentido a tudo que construímos. De certa forma, ela é também fruto da TQA. Mas essa linda história de amor será escrita em outro livro".

E o que é a TQA?

A TQA -Terapia Quântica Aplicada tem como objetivo melhorar o nível de energia da pessoa para que ela possa ser tudo de melhor na sua própria vida. Quando olhamos para o comportamento do ser humano, vemos que só existem duas emoções: amor e medo. Sempre que agimos de acordo com nosso inconsciente, com atitudes emocionais de receio, rancor, culpa e ódio, nós nos conectamos com a emoção do medo. Ao passarmos pela vida com essas atitudes negativas, são criados bloqueios, traumas e crenças limitantes que se tornam "travas". Como resultado disso, sempre que começamos a prosperar, geramos mecanismos de autossabotagem, que acabam nos derrubando e nos colocam em sintonia com as atitudes sabotadoras, que nos impedem de alcançar a prosperidade.

É importante que, ao longo da nossa vida, consigamos identificar quais são nossas travas para que possamos ressignificá-las e começar a viver uma vida plena, livre de ciclos destrutivos que acabam se repetindo em nossa trajetória.

Para atuar diretamente nessa ressignificação, por meio de um processo simples de três fases, a TQA auxilia a pessoa a Despertar, a Destravar e a Saltar. O Despertar é o processo pelo qual identificamos nossas travas a partir da observação de fenômenos repetitivos em nossa vida. É aquele momento em que questionamos nossa existência e nosso propósito. O Destravar se dá por meio de um processo de ressignificação das crenças e bloqueios em todos os níveis. A TQA auxilia na localização desses bloqueios e quando foram criados. Esse é o momento em que se localiza, se determina e se isola a causa raiz da trava do partilhante como, por exemplo, experiências de abandono, sofrimento, acidente, briga em família, separação dos pais, entre outros. Esses sentimentos se fixam em nossa mente subconsciente na forma de crenças limitantes, pensamentos negativos ou comportamentos sabotadores. Uma vez que o partilhante toma consciência disso, chega-se a um novo padrão vibracional. Essa é a etapa que denominamos Saltar. É, pois, nesse momento que experimentamos uma vida próspera e alinhada com nossos sonhos e objetivos.

Além disso, as travas podem se referir a problemas ligados ao relacionamento com os pais, outros familiares, ou mesmo no campo social.

Por essa razão, o processo de identificação da causa raiz é uma das partes, senão a mais importante, da fase do Despertar.

Após identificar a causa, parte-se para o processo de ressignificação, que acontece por meio de comandos quânticos compactos desenvolvidos por meio da pesquisa da TQA. Essa etapa do processo tem como função tornar acessível a aplicação da técnica. Os comandos são formados por letras e números que, aplicados de forma adequada, fazem a preparação da pessoa em atendimento, limpando as emoções negativas e ativando no campo sentimentos mais próximos ao amor, à gratidão e à alegria.

Para maior efetividade dos comandos, é importante que sempre sejam executadas as limpezas antes das ativações. Essa fase é a que chamamos de Destravar, pois remove as travas e permite que a pessoa em atendimento, (chamada de partilhante), deixe as barreiras e siga sua vida em busca dos seus objetivos. Após vivenciar as etapas de Despertar e Destravar, chega o momento do partilhante Saltar. O partilhante, energizado e livre das emoções e sentimentos que o seguravam, está pronto para recomeçar seu caminho de desenvolvimento e ter a vida que sempre sonhou.

Como parte ainda do processo de Despertar, o partilhante começa a viver novos estados de consciência, se aproximando mais da parte "Divina" que habita nele. Dessa forma, passa a viver um processo de criação da própria realidade por meio dos pensamentos e sentimentos. O nome dado a esse processo é Cocriação.

A TQA surgiu do amor e, como o amor só é amor quando está em movimento, nós a desenvolvemos para estarmos sempre crescendo e expandindo. Por isso, no decorrer do seu nascimento, agregamos vários conhecimentos que fazem toda a diferença para a identificação da causa raiz, das travas do partilhante e para o entendimento das bases do sofrimento humano e suas ações na vida das pessoas.

O terapeuta da TQA precisa, portanto, compreender as Leis que regem o Universo: os sete princípios que explicam e regulam tudo o que acontece ao nosso redor, para que o processo de Despertar, Destravar e Saltar seja aplicado de forma efetiva.

Você terá melhor entendimento dessa fase na leitura deste livro.

Ainda falando em leis, como boa parte das travas apresentadas pelos partilhantes vêm da infância e da convivência com a família, o processo é tratado com base no ponto de vista das Constelações Familiares e da Alquimia Consciencial. Afinal, para nós, toda doença é um protocolo biológico desencadeado por um conflito emocional. Cada doença, inclusive o local do corpo onde ela aparece, tem um significado específico que ajuda a identificar a causa raiz.

Ainda com foco na descoberta da causa raiz, o terapeuta também deve se aprofundar nos estudos da Tabela Hawkins do Nível da Consciência, desenvolvida pelo Dr. David Hawkins, que permite identificar o nível de consciência do partilhante e as possíveis travas que o impeçam de seguir.

Para evoluir na aplicação da terapia, é importante aprender como é o projeto de evolução da alma humana e os motivos de virmos para o planeta Terra, que chamamos de Planeta Escola. Como os grandes saltos da TQA aconteceram ao entendermos melhor a Quântica, o terapeuta que quer avançar na aplicação dos comandos abraçará os conceitos da Mecânica Quântica e suas relações com a Consciência Humana, além de entender como funcionam os sete corpos do ser humano e suas conexões por meio de círculos de energia vital, conhecidos como chakras.

Para avançar ainda mais nos atendimentos, é importante conhecer a Matemática e a Geometria da Criação, que explicam a constituição do Universo, na busca da compreensão dos comandos compactados de ressignificação, as relações entre a quântica e a nossa existência, além dos experimentos que iniciaram essa área de estudo. Ainda deverá recorrer aos estudos sobre a Radiestesia e a Cabala Hermética, na sua forma de Numerologia, como compreensão dos níveis de energia do partilhante, liberação das travas e aumento da energia para a efetividade chegar a 95% dos casos.

Com isso, o terapeuta TQA que decide adicionar os comandos para potencializar seus atendimentos, consegue auxiliar o partilhante a liberar travas físicas, emocionais e energéticas que, por vezes, se apresentam como quadros de doenças.

"Essa é a TQA, Terapia Quântica Aplicada. É o trabalho de pesquisa e aplicação de três pessoas: Patrícia que, com sua inspiração e trabalho, reuniu essa equipe. Bosco que, com sua experiência e ideias, trouxe novos horizontes para a técnica; e eu, Érik, com estudos, dedicação e muito trabalho, conseguimos reunir o melhor da contribuição de cada um e transformamos em uma técnica muito efetiva, capaz de provocar a ressignificação da vida e trazer esperança para tantas pessoas. Nosso trabalho percorreu boa parte do globo terrestre, quer seja por pessoas atendidas presencialmente ou a distância, por via remota em vários continentes. E, finalmente, conseguimos repassar seu pleno conteúdo para outros terapeutas, que atuam sob nossa direção em todo o planeta. Assim dando continuidade à evolução e ao aperfeiçoamento da técnica TQA".

AO LEITOR

Para você que chegou até aqui, a gente sempre imagina que lendo um livro iremos nos deparar com um final feliz. É isso que idealizamos enquanto seres humanos, mas sabemos que o Criador escreve nas entrelinhas e muitas vezes essa narrativa foge da nossa compreensão. O projeto de escrever este livro era um desejo antigo, porém, devido à agenda lotada de atendimentos e à rotina pesada que tínhamos como pais de primeira viagem, esse plano sempre ficava para depois. Teve uma época que alguns mensageiros começaram a chegar até nós pedindo para que esta obra fosse escrita, que esta era uma demanda das dimensões superiores. Mesmo assim, o tempo que restava para Érik escrever era pouco, mas a gente sabe que "com o Universo não tem jeitinho". De repente, a agenda de atendimentos do Érik reduziu de forma significativa e, naquela época, eu fiquei sem entender. Então, ele me disse: "É hora de terminar o livro, eu não posso morrer com esse conhecimento". Durante um mês, ele imergiu na profundidade do seu Ser para concluir o que hoje está em suas mãos.

No dia 26 de abril de 2021, Érik partiu para prestar serviços em dimensões superiores e este livro já estava na editora para a terceira revisão. Logo após, pedi para que o processo fosse provisoriamente interrompido, pois não poderia deixar de registrar aqui a minha homenagem a este ser de luz, a minha alma gêmea e o meu grande amor. A passagem dele para o lado de lá me fez vivenciar uma dor que nem sequer imaginava passar. Eu, nossa filha Maria Clara, nosso amigo e parceiro Bosco, nossa família, amigos, alunos e partilhantes, sentimos um grande buraco com sua ausência física e tentamos nos fortalecer seguindo os passos que ele deixou, repletos de sabedoria e amor. Que tenhamos força para seguir em frente, aprendendo e expandindo, pois todos sabem que estamos de passagem no Planeta Escola. Como ele mesmo me ensinou, a morte não existe, pois a vida do espírito é eterna. Érik caminhou e fez jus à sua existência. Pelo seu conhecimento e dedicação, despertou vários corações para o bem em todo o planeta. Ele acolheu a sua sombra, mas se conectou com a Luz da Fonte Criadora de Tudo que É! Me alegro em saber que ele foi chamado em um momento de muita força, no dia da Lua Rosa ou *Wesak*, que, segundo tradições, neste dia Cristo e Buda se encontram para a união do Ocidente com o Oriente, potencializando o amor e a compaixão. É uma Lua muito poderosa energeticamente. Um dia de grande oportunidade espiritual para todos, na qual muitos povos se unem para invocar energias de luz e amor. Eu sei que, nas dimensões superiores, o espírito do Érik, a sua alma, foi recebida por grandes Mestres, que ele foi convocado para missões reservadas apenas para grandes consciências. Foi assim que Érik pavimentou a sua existência, ancorado no amor, na sabedoria e na fé. E mais que tudo sob a LUZ amorosa do Criador. O final pode não ser feliz quando olhamos com os olhos da terceira dimensão, mas quando abrimos nossas mentes e nossos corações para compreender o Universo como Ele é, em todas as suas dimensões, a alegria toma conta da alma. Porque o mestre Érik é de luz! E a luz venceu!

Patrícia de Oliveira

SUMÁRIO

PRIMEIRA PARTE

A TQA - TERAPIA QUÂNTICA APLICADA

CAPÍTULO 1
A ABORDAGEM E MODELO MENTAL DA TQA

1.1 O que é a TQA - Terapia Quântica Aplicada

O modelo mental e as bases da TQA

A TQA foi desenvolvida com os seguintes objetivos:

- Ser mais assertiva, efetiva e, no menor prazo de atendimento possível, do ponto de vista do destravamento do ser humano, permitindo o seu salto quântico energético e sua exponenciação em todos os campos da vida;
- Desenvolvimento para melhoria contínua, absorvendo as melhores práticas de todas as abordagens terapêuticas que possam contribuir para o aumento da sua assertividade, efetividade e velocidade em atendimento.

A TQA foi desenvolvida com base em elementos das seguintes abordagens: Radiestesia, Reiki, Apometria Quântica, Cabala Hermética, Constelações Sistêmicas e Familiares, GNM – Heilkunde, Barras de Access, Thetahealing, Filosofia Clínica, Hipnose Ericksoniana, PNL, Metafísica e Mecânica Quântica.

A Figura 1.1.1, logo a seguir, mostra a representação gráfica do Modelo Mental da TQA – Terapia Quântica Aplicada.

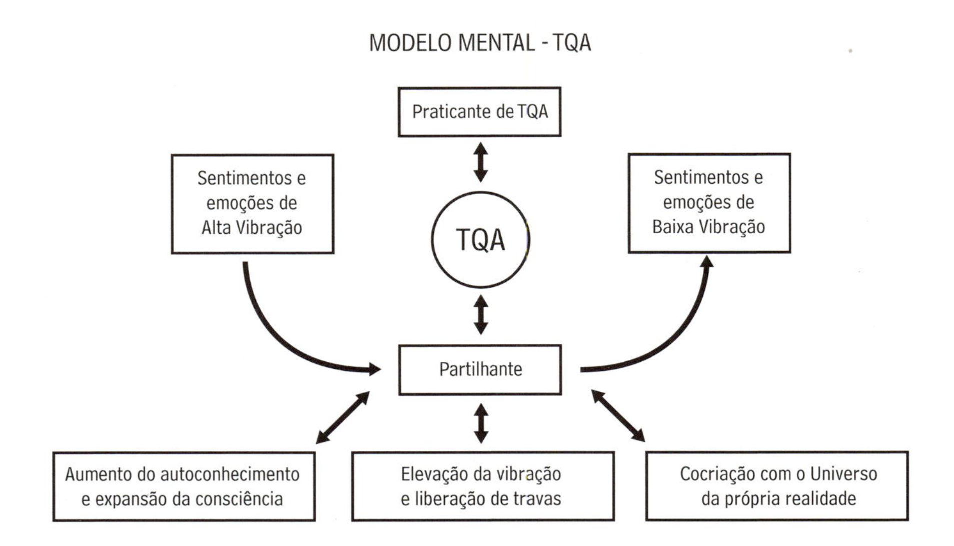

Figura 1.1.1 – O Modelo Mental da TQA.

Ao longo da estruturação da TQA – Terapia Quântica Aplicada, o conteúdo de várias outras terapias contribuiu para o seu desenvolvimento, na medida em que serviram como bases estruturantes para a sua operacionalização e consequente alcance de resultados.

Esse embasamento será mostrado na sequência a seguir.

As Bases da Metafísica e da Mecânica Quântica

- Entendimento do espaço multidimensional e suas influências neste plano existencial;
- Princípios que regem o acesso ao campo vibracional (ressonância), da detecção de inconformidades energéticas nos corpos sutis do partilhante e a efetivação dos comandos de reprogramação.

As Bases da Hipnose Ericksoniana

Relaxamento e redução da atividade cerebral para aproximação do nível Theta do Estado de Consciência, facilitando o acesso ao campo vibracional da pessoa sob atendimento.

As Bases do Reiki, da Apometria Quântica, da Radiestesia e da Cabala Hermética

Avaliação, leitura do campo vibracional, assim como, do nível energético e atendimento a distância da pessoa sob acompanhamento.

As Bases das Constelações Sistêmicas e Familiares, da Filosofia Clínica, da GNM Heilkunde e da Escala Hawkins do Nível da Consciência:

- Busca e identificação da causa e/ou causas raiz;
- Utilização dos Testes Cinestesiológicos.

As Bases da PNL, das Barras de Access, do Thetahealing

- Entendimento das diversas chaves de acesso para os comandos de reprogramação;
- Entendimento para a construção dos comandos de reprogramação;
- Entendimento dos comandos compactos da TQA.

Com o conhecimento dessa abordagem, é possível a aplicação do Modelo Mental da TQA - Terapia Quântica Aplicada, na forma de ferramenta terapêutica prática, conforme segue:

- Quando a vida da pessoa está estagnada, ou ainda atraindo eventos negativos para a sua vida, não conseguindo um relacionamento amoroso satisfatório, ou não prosperando profissionalmente ou financeiramente;
- Quando a pessoa detecta que a sua vida está em um processo de repetições incessantes, *loop*, no qual sempre atrai eventos desagradáveis e repetitivos ao longo do tempo;
- Quando a pessoa desenvolve somatizações físicas na forma de desequilíbrios ou doenças.

A utilização da TQA - Terapia Quântica Aplicada é feita em duas etapas:

Na primeira etapa, realiza-se a investigação, identificação e isolamento da causa raiz que é o motivo da paralisação ou dos problemas que a pessoa está enfrentando.

Na segunda etapa, é executada a reprogramação mental e energética do partilhante, por meio de comandos verbais ou mentais de ressignificação, envolvendo a retirada dos sentimentos/emoções de baixa vibração à luz da Escala Hawkins para, a partir daí, abrir o caminho para baixar, no campo vibracional da pessoa, os sentimentos/emoções de alta vibração à luz da referida escala.

Uma vez completa a reprogramação, o partilhante está pronto para o seu salto quântico, que acontece em três níveis.

Nível 1 de Ressignificação

Eliminação das Travas e elevação do nível da frequência energética vibracional.

Nível 2 de Ressignificação

Aumento do Autoconhecimento e do Grau de Expansão da Consciência.

Nível 3 de Ressignificação

Incremento do poder de cocriação com o Universo, de maneira consciente, consistente e sustentável.

No momento da aplicação da ferramenta, ocorre a liberação de sentimentos de baixa calibração à luz da Escala Hawkins do Nível de Consciência, conforme o exposto a seguir.

Para cerca de 95% dos casos, a TQA é muito efetiva, entretanto, para cerca de 5% dos casos é inócua e não traz nenhum resultado.

Pelo que já se foi estudado, essa falta de resultado acontece geralmente devido à não permissão do partilhante, ou, muitas vezes, uma resistência muito grande às mudanças do EGO ou, ainda, devido à desistência dele.

Liberação do grupo de sentimentos relacionados ao Chakra Básico

Os sentimentos deste grupo estão ligados a dúvidas, inseguranças, incertezas e medos: da morte, da doença, da crítica, do julgamento, da rejeição, da exposição, da inadequação, do fracasso, da pobreza, da miséria, da falência, da solidão, do desconhecido, da vida, de amar, de ser amado etc.

Liberação do grupo de sentimentos relacionados ao Chakra Sexual

Os sentimentos deste grupo estão relacionados a sentimentos ligados a culpas, vergonhas e remorsos, gerados a partir de ações cometidas contra si mesmo ou a terceiros por ato ou omissão.

Liberação do grupo de sentimentos relacionados ao Chakra do Plexo Solar

Os sentimentos deste grupo estão relacionados a sentimentos ligados a mágoas, raivas, ódios e rancores, por si mesmo ou a terceiros.

Liberação do grupo de sentimentos relacionados ao Chakra Cardíaco

Os sentimentos deste grupo estão relacionados a sentimentos ligados à tristeza, melancolia, angústia e ansiedade.

Após a ressignificação dos sentimentos de baixa calibração, são ativados os sentimentos de elevada frequência vibracional à luz da escala Hawkins, envolvendo, também quatro grupos, sendo eles:

- **Grupo I** – Coragem e Fé Inabalável;
- **Grupo II** – Amor Incondicional, envolvendo: Autoamor, Autoaceitação, Automerecimento, Amor, Aceitação e Merecimento;
- **Grupo III** – Perdão Incondicional;
- **Grupo IV** – Sentimentos de Gratidão e Alegria.

1.2 A TQA no Destravamento e na Ativação Energética

Ao entendermos que sentimentos estão ligados à energia, é possível medir o grau de destravamento e de ativação energética alcançada pelo atendimento e aplicação da TQA.

Vale lembrar que o Ser Humano, enquanto consciência, calibra nos diversos níveis à luz da Escala Hawkins, em uma variação que pode ir de 0 (Desistente/Suicida) a 1000 (Avatar/Iluminação), que é o nível máximo da escala.

Todas as calibrações abaixo de 200 na escala, remetem a gastos de energia pela pessoa e, consequente, utilização do EGO para se conquistar tudo aquilo o que se deseja.

Todas as calibrações acima de 200 na escala, remetem a ganhos de energia pela pessoa e elevação do nível da sua frequência energética vibracional.

Veremos a seguir que alguns elementos estão associados às travas do Ser Humano, sendo possível agrupar as modalidades de travas em grupos. Esses grupos merecem ser estudados a fundo para que possam ser utilizados ao longo do atendimento na avaliação do partilhante. São eles:

Grupo I de Travas

As travas que se caracterizam pelos sentimentos de baixa vibração à luz da Escala Hawkins do nível de consciência.

Grupo II de Travas

Aquelas que se caracterizam pela existência de: Crenças, *Chips*, Implantes, Contratos, Pactos, Acordos e Decretos.

Grupo III de Travas

Travas que se caracterizam pela existência de influências e impactos energéticos multidimensionais.

Boas práticas na aplicação da TQA

A TQA como ferramenta ao ser utilizada, obedece a alguns elementos que devem ser seguidos, os quais são chamados de Características Operacionais – TQA.

É possível atuar diretamente no campo vibracional da pessoa, desde que se obtenha a sua expressa permissão para que seja realizado esse acesso.

Quanto mais precisa a identificação da causa raiz dos bloqueios ou travas da pessoa, maior é a assertividade e efetividade do comando de reprogramação.

É terminantemente proibido que um comando de reprogramação seja construído e executado para alteração ou quebra do equilíbrio universal, assim como, do livre-arbítrio da pessoa, sem a sua expressa autorização.

Após o bombardeio de fótons recebido pela Terra, originado do Sistema de Órion, houve uma alteração do DNA Humano (Sutil) de duas para doze hélices, as quais podem também ser ativadas, a partir de comando específico para tal (comando de reparo e ativação do DNA).

O comando de reparo e ativação do DNA não deve ser utilizado, seja em autoaplicação ou aplicação em terceiros, caso sejam eles portadores de quaisquer tipos de câncer ou mulheres gestantes.

O único comando de reprogramação que é permitido ser executado sem a permissão explícita do partilhante é o envio de Amor Incondicional.

É importante ter muita certeza e clareza, antes da execução do comando de Divórcio Energético, com relação a casais, uma vez efetivado não tem como ser desfeito ou anulado e o casal se separará, com toda a certeza.

Muito cuidado ainda com relação a baixar alguma consciência arquetípica, visto que, a energia vibracional desse arquivo precisa ser compatível com o grau de expansão de consciência do partilhante, seja em auto aplicação ou aplicação em terceiros.

Os comandos de reprogramação devem ser realizados somente no tempo verbal Presente do Indicativo e na forma afirmativa, uma vez que o Inconsciente não reconhece a negação, assim como tempos pretéritos ou futuros.

A base da ativação energética da pessoa está centrada no autoamor. Quando se ressignifica o autoamor, tudo o mais também é possível de ser ressignificado.

É importante destacar a possibilidade de se efetuar alguns *downloads* de consciências arquetípicas para o inconsciente do partilhante sob atendimento, sendo que, esses *downloads* podem ser realizados da maneira como o exposto a seguir.

Modalidades de Consciências Arquetípicas que Podem ser Baixadas e Ativadas no Campo Vibracional:

- Qualidades Comportamentais;
- Personalidades ou Indivíduos;
- Arquétipos.

Modalidades de Conteúdos que Podem ser Baixados e Ativados no Campo Vibracional:

- Habilidades;
- Conteúdos;

- Línguas Estrangeiras.

Cuidado com a execução do comando de alteração da consciência do partilhante para outra realidade alternativa. Somente após a identificação da causa raiz e nos casos de Vícios, Compulsões ou Dependência Química.

CAPÍTULO 2

AS QUESTÕES FAMILIARES E SEUS IMPACTOS

Uma segunda etapa de análise consiste em tentar entender e avaliar as relações entre o partilhante e seus pais, tanto o pai quanto a mãe, assim como ascendentes e outros parentes. O foco está nas Leis que regem os princípios das Constelações Sistêmicas Familiares, de acordo com as Ordens do Amor. Esses princípios são:

- **Lei da Ordem** – Dentro de um sistema, a hierarquia é comandada pela precedência no tempo. Isso significa que aqueles que vieram antes têm autoridade sobre quem veio depois. O avô tem precedência sobre um neto, um pai tem precedência sobre o filho, o irmão mais velho tem precedência sobre o irmão mais novo. No grupo sistêmico, a compensação favorecerá sempre quem veio primeiro.
- **Lei do Pertencimento** – Aqui é importante observar que todo membro de uma família tem o mesmo direito de pertencer. O sistema se preocupa em proteger todos da mesma forma. Se por acaso esse direito é negado a algum membro, o sistema o traz de volta ao grupo por meio da sua representação por outro familiar, geralmente por meio das crianças, que são mais suscetíveis a esse amor cego. Por intermédio dessa lembrança, ainda que deslocada, o sistema garante o pertencimento de todos.
- **Lei do Equilíbrio** – Assim como na física, os sistemas buscam o equilíbrio entre as trocas que ocorrem. O mesmo acontece nas relações entre as pessoas. Existe uma busca de reciprocidade e compensação

nas relações humanas, nas quais o dar e tomar devem ser praticados em igual quantidade entre todos os envolvidos.
Em um desequilíbrio, uma das partes pode se sentir pressionada a se afastar por não poder retribuir; ou a pessoa que doa muito, ao perceber o peso de sua "benevolência", para de ceder, dando uma chance ao outro de se equalizar na relação.

Essa área do conhecimento foi desenvolvida por Bert Hellinger, ao longo do trabalho de uma vida inteira dedicada às ordens do Amor, como ele mesmo ensinou.

O praticante da TQA não é um constelador. É necessário, pois, que se tenha consciência desse fato. Os princípios acima elencados são utilizados tão somente com a finalidade de se detectar alguma distorção direta da questão de sentimentos entre os vetores pai, mãe e filho, dentro daquilo o que está sendo investigado na causa raiz do partilhante em atendimento no âmbito da TQA.

Dessa maneira, quaisquer sentimentos que não sejam de gratidão pelo dom da vida em relação aos pais do partilhante em atendimento devem ser ressignificados, uma vez que, de algum modo, podem gerar bloqueios ou atrasos no desenvolvimento da vida desse partilhante.

CAPÍTULO 3
A ESCALA HAWKINS DO NÍVEL DE CONSCIÊNCIA

3.1 O Que é a Escala Hawkins do Nível de Consciência

O Prof. David Hawkins (1927-2012) foi um médico psiquiatra norte -americano e um grande estudioso do comportamento humano. Ao longo de sua busca por mais de 30 anos, realizou uma profunda pesquisa a respeito dos sentimentos / emoções do Ser Humano.

O resultado dessa pesquisa deu origem à Escala Hawkins do Nível de Consciência, sendo que essa escala é um dos pilares para a determinação de origem da causa raiz das travas que acometem o ser humano na aplicação da TQA – Terapia Quântica Aplicada.

De modo geral, a pesquisa do Dr. Hawkins foi conduzida com a realização de testes cinestésicos musculares em indivíduos ao redor de todo o mundo. Dentro dos quesitos avaliados em cada indivíduo, estavam: a emoção base, o correspondente nível consciencial, o processo consciencial associado, a visão da Vida, a visão de Deus, além da posição da pessoa na escala relativa às necessidades do ser humano (também conhecida como escala de Maslow).

Os resultados desses testes foram agrupados em uma escala de diferentes níveis de estado de consciência, nos quais ele ancorou os dois extremos da Escala para os níveis máximo e mínimo do nível de consciência e distribuiu os níveis intermediários entre esses dois limites.

Como as distâncias entre os níveis mostravam-se muito grandes, ele adotou a escala de crescimento logarítmico de base 10. Sendo assim, onde se lê na escala o nível 500, na verdade é 10 elevado a 500. Por isso, é importante observar que, quanto mais baixo é o nível de consciência da pessoa à luz da escala, mais esforço e força do seu EGO ela terá que empregar para a realização daquilo o que deseja para a sua vida.

Porém, já ao contrário, quanto mais elevado é o nível de consciência da pessoa à luz da mesma escala, mais poder e mais facilidade ela terá para conseguir os seus objetivos, com mínimo esforço e força empregados pelo seu EGO. Sendo assim, o nível da escala está associado diretamente com o grau de energia gerada pela pessoa no seu processo de cocriação da sua realidade com o Universo.

A Figura 3.1.1 mostra a Tabela Hawkins do Nível de Consciência, de acordo com a obra do Dr. Hawkins.

A Avaliação da Emoção à Luz da Escala Hawkins

Estado de Consciência	Níveis	Felicidade	População	Desemprego	Pobreza	Criminalidade	Emoções	Processo	Visão de vida	Visão de Deus
Totalidade	1000	100%	Aprox. 30 pessoas	0%	0%	0%	Inefável	Consciência pura	É	Ser
Vazio	850									
Autorrealização	700									
Paz	600	100%	0,00001%	0%	0%	0%	Serenidade	Iluminação	Perfeita	Todo Ser
Saneidade/ Êxtase	575	99%	0,4%				Compaixão	Transfiguração	Completa	Um
Amor Incondicional	540	96%								
Humor	525	93%	2,6%	0%	0%	0,5%	Reverência	Revelação	Benigna	Amoroso
Gratidão	510	93%								
Amor	500	89%								
Genialidade	485	86%	4%	2%	0,5%	2%	Paradoxo	Simplificação	Aleatória	Misterioso
Ciência	450	83%					Entretenimento, compreensão	Abstração	Significativa	Sábio
Razão pura	400	79%								
Entusiasmo	390	75%	6%	7%	1.0%	5%	Paixão	Entrega	Encantadora	Divertido
Aceitação	350	71%					Perdão	Transcendência	Harmoniosa	Misericordioso
Disposição	310	68%					Otimismo	Intenção	Esperançosa	Inspirador
Neutralidade	250	60%	9%	8%	1,5%	9%	Confiança	Desapego	Satisfatória	Provedor
Coragem	200	55%					Afirmação	Empoderamento	Factível	Permissivo
Orgulho/ arrogância	175	22%	78%	50%	25%	15%	Desprezo	Inflação	Exigente	Indiferente
Raiva/ Indignação	150	12%		75%	40%	91%	Irritação	Agressão	Antagonista	Irado
Desejo/ Cobiça	125	10%					Ganância	Escravidão	Desapontadora	Proibitivo
Medo/ Insegurança	100	10%					Ansiedade	Abstinência	Ameaçadora	Punitivo
Tristeza/ Aflição	75	9%		92%	65%	98%	Arrependimento	Depressão	Trágica	Desdenhoso
Apatia/ Ódio	50	5%					Desespero	Abandono	Desesperada	Condenador
Culpa/ Vingança	30	4%					Falha	Destruição	Má	Vingativo
Vergonha/ Insanidade	20	3%					Humilhação	Eliminação	Miserável	Desprezível
Morte	0						Sofrimento	Autodestruição	Sem Sentido	Inexistente

TQA - Terapia Quântica Aplicada

Figura 3.1.1 – A Tabela Hawkins do Nível da Consciência.

3.2 Os Testes Cinestésicos e Suas Aplicações

Conforme a pesquisa do Dr. Hawkins, é possível utilizar o teste cinestésico muscular para se detectar diferenças entre percepções do consciente e do inconsciente humano. Existem, nesse sentido, vários tipos de testes. Os mais usuais, contudo, seguem descritos, a seguir.

Teste Cinestésico - Tipo 1

- A pessoa testada é colocada de pé em posição de sentido;
- Ela também deve ficar de olhos fechados;
- Quem aplica o teste fica em pé do lado direito ou esquerdo da pessoa testada;
- A afirmação a ser validada deve ser falada pela pessoa testada, em voz alta;
- O testador observa o movimento do corpo do testado. Se o corpo de quem é testado se inclinar para frente, o resultado do teste foi positivo; se o corpo se inclinar para trás, o resultado do teste foi negativo.

Teste Cinestésico - Tipo 2

A pessoa testada é colocada de pé em posição de sentido, braço direito ao longo do corpo e o esquerdo esticado à frente, com a mão aberta e a palma virada para cima.

- Ela também deve ficar de olhos fechados;
- O testador fica em pé em frente ao testado e coloca a sua mão esquerda sobre o ombro direito da pessoa sendo testada e a sua mão direita sobre o antebraço esquerdo dela;
- A afirmação a ser validada deve ser falada pela pessoa testada em voz alta;
- O testador pressiona o antebraço esquerdo do testado para baixo e observa a reação. Se o antebraço resiste e não cede à pressão, o teste foi positivo. Se o antebraço cede, abaixando com facilidade, o teste foi negativo.

Teste Cinestésico - Tipo 3

- Este teste, em específico, pode ser auto aplicado ou aplicado em terceiros;
- A pessoa testada também deve ficar de olhos fechados, mesmo que seja auto aplicado;
- Nesse caso, a primeira coisa a ser feita é buscar determinar a mão dominante da pessoa testada;
- Isso é conseguido de maneira bem simples, basta bater palmas como se estivesse aplaudindo algo ou cantando "parabéns pra você";
- Observando o ato de bater palmas, a mão que ficar por cima é a mão dominante da pessoa testada;
- Agora, a pessoa testada faz um anel formado pelos dedos indicador e polegar da sua mão não dominante;
- Com o indicador da mão direita (mão dominante), o testador ou a própria pessoa testada, em caso de autoaplicação, desliza rapidamente o dedo pelo ponto de encontro dos dois dedos que formam o anel;
- Agora é preciso calibrar o teste, fazendo com que a pessoa em teste fale "sim" e "não" algumas vezes, forçando a passagem do dedo;
- Ao longo da calibragem de "sim" e "não", vai chegar um momento em que, para as afirmações "sim", o dedo não vai passar e, para as afirmações "não", o dedo vai passar;
- Agora, o teste está calibrado e a pessoa testada pronta para ser submetido ao teste;
- A partir desse instante, a pessoa testada repete a afirmação a ser verificada em voz alta;
- Após a afirmação ser feita, deve-se tentar deslizar o dedo pelo anel formado pelos dedos da mão não dominante da pessoa testada;
- Caso o dedo não passe, o resultado do teste é positivo para a afirmação, caso o dedo passe, o resultado do teste é negativo para a afirmação.

Dessa maneira, após a apresentação desses testes, é importante entender o seu princípio de funcionamento e aplicação:

- Sempre que o Inconsciente discorda de uma afirmação falada pela pessoa testada, o corpo momentaneamente perde o tônus muscular e não há sustentação para segurar a passagem do dedo;
- Ele não pode ser aplicado com frases interrogativas;
- Ele não pode ser aplicado com afirmações negativas;
- Caso o processo de calibragem não esteja convergindo, é importante verificar se a pessoa em teste está hidratada.

Várias afirmações podem ser testadas, sendo algumas das afirmações:

- Eu me amo; Eu me respeito; Eu me valorizo; Eu me perdoo; Eu tenho auto amor; Eu sou merecedor; Eu me aceito; Eu sou abundante; Eu sou próspero; Eu sou vitorioso;
- Eu amo meu pai; Eu amo minha mãe; Eu amo minha família; Eu amo meu trabalho; Eu amo o que faço; Eu sou grato ao meu pai; Eu sou grato a minha mãe; Eu sou grato ao Universo; Eu sou grato à vida; Eu amo viver;
- Eu respeito e aceito a figura masculina; Eu respeito e aceito a figura feminina; O relacionamento amoroso é vida; Eu quero um relacionamento amoroso saudável; Eu mereço um relacionamento amoroso saudável;
- Eu mereço ser rico; Eu mereço ser próspero; Eu mereço ser abundante; Eu mereço ser vitorioso; A vida é uma aventura maravilhosa; Ter dinheiro é muito bom; A riqueza é algo saudável; Eu posso ser rico e espiritualizado.

3.3 A Hierarquia dos Sentimentos e Emoções

Ainda, de acordo com a Escala Hawkins, as emoções estão ordenadas em uma hierarquia e tem um grau de profundidade entre os seus diversos níveis de consciência.

Emoções do grupo da culpa, da vergonha e do remorso, são aquelas de nível mais baixo na escala e impactam as questões de merecimento e de aceitação das coisas boas da vida.

Pessoas que estão com o foco neste nível de consciência, geralmente, vivem situações de altos e baixos e, quando se aproximam de uma determinada conquista muito esperada, muitas vezes a perdem como se saísse por entre os dedos.

Emoções do grupo da tristeza, melancolia, angústia e ansiedade são aquelas de nível imediatamente superior à anterior.

Pessoas que estão com o foco neste nível de consciência, geralmente, vivem situações de auto enclausuramento, às vezes abrindo espaço para situações de depressão ou estados depressivos.

Emoções do grupo da dúvida, da insegurança, da incerteza e dos medos são aquelas de nível imediatamente superior à anterior.

Pessoas que estão focadas neste nível de consciência geralmente vivem situações de estagnação, e as questões associadas à vida ficam, na maioria das vezes, completamente paralisadas, sem avançar ou evoluir de forma alguma.

Emoções do grupo da mágoa, raiva, ódio e rancor em relação a si mesmo, a situações ou a terceiros são consideradas de um nível imediatamente superior às emoções anteriores.

Pessoas que estão com o foco neste nível de consciência, geralmente vivenciam situações de conflito e as questões associadas à vida ficam, na maioria das vezes, completamente desgastadas, resultando em cansaço mental e esgotamento de energia devido à dispersão.

Por isso, no momento da busca pela causa raiz, é importantíssimo que se identifique a hierarquia da emoção e o correspondente estado de consciência. Isso fará toda a diferença no momento de se realizar os comandos para ressignificação.

3.4 As Questões de Poder vs. Força do Ser Humano

Quando analisamos a relação Poder vs. Força no Ser Humano, a partir da Escala Hawkins do Nível de Consciência, é importante se ter as seguintes percepções sobre cada um desses elementos:

Do ponto de vista da Força:

- A força precisa ser justificada;

- A força cria automaticamente outra força contrária e, por isso, o seu efeito é limitado;
- A força se move sempre contra alguma coisa;
- A força é incompleta na sua essência e, como tal, precisa constantemente de energia;
- A força possui um apetite insaciável, consome energia constantemente;
- A força está associada às diversas formas de julgamento e nos faz sentir mal.

Do ponto de vista do Poder:

- O poder agarra-se àquilo que eleva, dignifica e enobrece, logo não necessita ser justificado;
- O poder está associado à totalidade, é imóvel, como se fosse um campo gravitacional estacionário;
- O poder é completo por si só e não requer nada que lhe seja externo;
- O poder não demanda energia externa, pois é o seu próprio gerador de energia;
- O poder estimula, oferece, doa, abastece e sustenta;
- O poder dá a vida e a energia.

Sabendo disso, é possível utilizar essa análise para outros pontos da atualidade como, por exemplo:

O Poder na Política

- O poder gerado durante a Revolução Americana, cujo ideal era que a liberdade é um direito inalienável do ser humano, resultou na derrota da força do império britânico;
- O Poder de Mahatma Gandhi derrotou a força do Império britânico, pelo seu ideal que era a dignidade essencial do homem e o seu direito à liberdade, à soberania e à autodeterminação;

- Da mesma forma, a Revolução Francesa, com os ideais de liberdade, igualdade e fraternidade;
- Nelson Mandela, da mesma forma na África do Sul, ficou preso por várias décadas e, quando se viu livre, conduziu o seu povo a um salto de consciência.

O Poder no Mercado

- O Poder gerado pelo treinamento dos funcionários a serem amáveis, atenciosos e calorosos com os seus clientes;
- O Poder gerado pela condução ética dos negócios e compromisso com a verdadeira satisfação do cliente;
- O Poder gerado pelo respeito à opinião do cliente ou do comprador;
- Exemplos de Poder no Mercado e do sucesso alcançado por algumas empresas: Walmart, McDonald's, Burger King, Disney, Cirque Du Soleil, Apple, Dell Computadores e outras.

O Poder e o Desporto

- O Poder gerado pela vontade da prática perfeita;
- O Poder gerado pela vontade de superar a si mesmo a cada instante;
- O Poder gerado pelo amor e pela disciplina do treinamento;
- O Poder gerado pela capacidade de se reinventar, assim como, de sofrer uma derrota, se recompor e seguir adiante, com a energia renovada.

O Poder Social e O Espírito Humano

- O Poder gerado pela vontade de ser um ser humano melhor a cada dia;
- O Poder gerado pelo sentimento do direito de ir e vir, assim como, poder fazer e realizar aquilo o que deseja;
- O Poder gerado pelo amor e pela ajuda ao próximo de maneira altruísta e desinteressada;

- O Poder gerado pela dedicação a um propósito de corpo e alma, algo que seja realizado com o sentimento de amor verdadeiro.

A Saúde Física e O Poder

- O Poder gerado pelo equilíbrio perfeito entre as mentes e os corpos do ser humano;
- O Poder gerado pelo sucesso na neutralização do EGO pelo ser humano;
- O Poder gerado pelo exercício do amor incondicional e o cessar de todos os conflitos gerados a partir dos apegos do EGO;
- O Poder gerado pela atitude positiva com a vida e o consequente estado de fluxo natural de todos os acontecimentos, no ato de se vivenciar o TAO[1].

3.5 As Travas do Ser Humano à Luz da Escala Hawkins

É muito importante observar que todos os sentimentos e processos que se encontram abaixo do nível 200 da Escala Hawkins atuam na forma de força e drenam energia da pessoa para que possa vivenciar esses sentimentos.

Os sentimentos de culpa, vergonha e remorso, geram estados de não merecimento, impedindo a pessoa de receber qualquer objeto de manifestação nesse plano.

Os sentimentos de dúvida, insegurança, incerteza e medo, geram estados de baixa energia, impedindo o ganho de energia da onda relativa à forma-pensamento ao objeto o qual está em manifestação.

Por sua vez, os sentimentos de mágoa, raiva, rancor e ódio produzem estados de bloqueio da forma-pensamento, que é a origem da onda de manifestação. Dessa forma, impede assim a sua geração e correspondente interferência construtiva com a onda primordial.

Por outro lado, os sentimentos de tristeza, melancolia, angústia e ansiedade produzem estados de diminuição da frequência da onda de manifestação. Isso impede a sua interferência construtiva com a onda primordial e, por consequência, bloqueia a materialização do objeto em manifestação.

1 Para o Taoismo, TAO é o conceito que equivale a caminho ou curso e representa a força cósmica que cria o universo e todas as coisas.

Vale destacar os sentimentos da pessoa por pai e mãe e que sejam diferentes de amor ou gratidão, uma vez que, por emaranhamento quântico, a pessoa assume esse sentimento para si e vai gerar um comportamento de autossabotagem como meio de ser coerente e de honrar esses sentimentos, provocando um efeito contrário ao desejado em termos de manifestação.

3.6 A Cocriação à Luz da Escala Hawkins

É muito importante observar que todos os sentimentos e processos que se encontram acima do nível 200 da escala, atuam na forma de despertar o nosso poder pessoal e aumentam o nosso grau de energia interior, contribuindo assim de maneira positiva para o equilíbrio perfeito do nosso corpo e para o processo de cocriação consciente, consistente e sustentável da nossa realidade com o Universo.

À medida que nos aproximamos do nível de calibração na Escala Hawkins do amor, o nível da nossa energia interior cresce exponencialmente, permitindo aumentar de forma considerável a nossa capacidade de cocriação da realidade com o Todo Universal.

Esse círculo virtuoso cresce e esse poder de cocriação se expande cada vez mais à medida que alcançamos os níveis de consciência superiores da escala, tais como: alegria, paz e iluminação.

Nesse nível de realização, o sentido de existência vai além do tempo e da individualidade. Então, para a nossa reflexão:

- Um indivíduo calibrando em 700 compensa 70 milhões de indivíduos abaixo do nível 200;
- Já, um indivíduo calibrando em 600 compensa 10 milhões de indivíduos abaixo do nível 200;
- Um indivíduo calibrando em 500 compensa 750 mil de indivíduos abaixo do nível 200.

Obs.: quando a pesquisa do Dr. Hawkins foi realizada em 1995, 12 pessoas no Planeta Escola estavam em níveis acima de 600 da escala, no entanto, em maio de 2006, restavam apenas seis: três entre 600 e 700, uma entre 700 e 800, uma entre 800 e 900 e uma entre 900 e 1000[2].

2 HAWKINS, David R., Poder versus Força, p. 225, 2019.

CAPÍTULO 4
A ALMA HUMANA - PROJETO DE EVOLUÇÃO

4.1 A Origem da Alma no Universo

Para falarmos das almas no Universo, primeiramente é preciso falar de suas origens. Em um primeiro momento, é importante entender que a Mônada é a estrutura do Universo responsável por dar origem às almas e suas consciências.

Dessa maneira, a alma é formada por estruturas vibracionais de frequências muito elevadas, sendo que no seu núcleo central está o espírito, que é uma parte inviolável da consciência humana.

Essa estrutura, aliada às demais estruturas sutis do ser humano é o que torna possível a nossa experiência de aprendizado aqui na Terra, o Planeta Escola.

Toda a nossa trajetória na vida e nossas experiências ficam registradas na alma, de maneira que essas informações podem ser acessadas por algumas pessoas, desde que tenham expansão da consciência compatível para isso.

A alma em conjunto com a conexão cósmica com o Todo Universal, sustenta os seguintes pilares da existência humana:

- **A Alma Consciencial** – responsável por nos fornecer as referências de quem nós somos, onde estamos, por que estamos, onde estamos e para onde vamos;
- **A Alma Intuitiva** – responsável por nos guiar de maneira intuitiva, pelo labirinto de nossas infinitas realidades alternativas, sendo que esta é a nossa Centelha Divina, o nosso Eu Superior;
- **A Alma Moral** – responsável por nos fornecer as referências para o nosso comportamento, fazendo a distinção do que seja o certo e o errado, à luz das Leis Universais.

4.2 O Aprendizado da Alma no Planeta Escola

Nós, seres humanos, ao longo de nossa passagem por este Planeta Escola, precisamos tomar consciência do profundo significado de nossa intensa jornada humana. Isso inclui a nossa trilha espiritual, o que nos remete a diversos aprendizados voltados para o crescimento e evolução de nossas almas.

O ser humano no início de sua jornada apresenta-se como um ser ignorante. Na maioria das vezes, desconhece os seus poderes psíquicos e espirituais em sua jornada de vida.

Desse modo, essa mesma pessoa se manifesta como alguém que começa sua trajetória, como um ser, sem nenhuma disciplina e que comete muitos erros por pura inconsciência.

Por meio de seu esforço pessoal, essa consciência firma-se diante das provas que a vida lhe dá. Começa, então, a conquistar uma dimensão maior e mais profunda de si mesmo, deixando de lado sua natureza violenta e impulsiva, dando lugar a uma personalidade mais contida e reflexiva, regida pela mente superior, o que leva ao crescimento espiritual, por meio de um conjunto de aprendizados, os quais seguem melhor descritos a seguir.

Aprendizado I

- Aprender a dominar nossos pensamentos errôneos e descontrolados, assim como, nossa mente inferior, fraca e muitas vezes covarde;
- Aprender o controle mental, dominando as forças impulsivas geradas pelo pensamento errôneo, das palavras e das ideias erradas, as quais devastam o mundo do ser humano;
- O autocontrole deve ser desenvolvido por nós, o qual parte do controle dos nossos pensamentos, para conseguir a autonomia que pretendemos em nossas vidas.

Aprendizado II

- Aprender a controlar as questões mundanas e a interação entre os planos material, mental, emocional, assim como, o espiritual;

- O domínio da luxúria e dos desejos sexuais, não pela repressão, mas sim pelo equilíbrio;
- O aprendizado da escolha de caminhos, evitando: os atalhos, os caminhos confusos que não levam a lugar nenhum, que desorienta e ilude, assim como, aqueles caminhos que se tornam labirintos e armadilhas, preservando o processo de expansão da consciência e a evolução saudável das nossas almas.

Aprendizado III

- Existe um poder divino dentro de cada ser humano que é muito maior do que os problemas que se apresentam a ele;
- Aprender a produzir e a servir, o caminho para a energia de troca, no ganho do sustento e para o crescimento emocional, profissional e financeiro;
- Aprender que o verdadeiro Mestre é a sua Centelha Divina, personificada pela sua Mente Superconsciente;
- Internalizar os três vetores para a ascensão: o conhecimento, o amor e a vontade.

Aprendizado IV

- O desenvolvimento da intuição, processo final da transformação do instinto, que tem estágio intermediário no intelecto;
- Instinto, intelecto e intuição são os três aspectos da autopercepção objetiva, ou da consciência;
- Tomar consciência das coisas do espírito e das realidades espirituais, que nem o instinto nem o intelecto lhes podem revelar.

Aprendizado V

- Aprender a identificar e confrontar a sombra da nossa personalidade redirecionando esta energia de maneira construtiva;

- Dominar a nossa personalidade, o EGO, assim como, os elementos que o alimentam, tais como: o egoísmo, a vaidade, o instinto de autopreservação. Colocar, nesse lugar, a fraternidade e o altruísmo;
- Entender e sublimar os apegos do EGO e do nosso eu inferior.

Aprendizado VI

- Aprender a identificar o bem e o mal, buscando caminhos que sustentem o caminho evolutivo;
- Entender que existe uma ética que sustenta o sentido moral por trás de cada ato do ser humano;
- Entender e aprender a dualidade e ao mesmo tempo o equilíbrio que existe nos opostos do TAO.

Aprendizado VII

- Aprender o desapego aos apetites sexuais, ao conforto e ao dinheiro;
- Entender que é preciso dominar as paixões, o ódio e o desejo de poder;
- Neutralizar também os vícios da mente não iluminada, tais como: orgulho, segregação e crueldade.

4.3 As Dimensões Paralelas e Realidades Alternativas

Quando se observa a questão das infinitas possibilidades interligadas aos conceitos da Mecânica Quântica, podemos nos confrontar com dois conceitos extremamente disruptivos:

- Uma primeira questão está relacionada às realidades alternativas;
- A outra às questões da multidimensionalidade do Universo.

Desse modo, a questão das realidades alternativas é fruto do estudo de probabilidade aplicada nas condições de contorno avaliadas pelos cientistas acerca da evolução do *Big Bang*, a emanação primordial.

Essa premissa é, pois, reforçada ainda pelo Princípio de Eisenberg, segundo o qual um elétron, em um dado instante, pode ser encontrado em qualquer ponto do seu orbital. Dessa forma, tem-se infinitas possibilidades para um elétron e vários elétrons e infinitas possibilidades para combinações e combinações entre esses sistemas, ou seja, há infinitas possibilidades, e probabilidades de realidades alternativas distintas entre si.

Esse conceito associado às realidades alternativas é aplicado na TQA quando precisamos dar um comando para se alterar a consciência da pessoa para uma realidade alternativa que inexista algum tipo de comportamento da pessoa ou problema de saúde.

Quanto à questão das diversas dimensões existentes e habitadas, as mais conhecidas são doze, e este tema será explorado a partir dos próximos tópicos.

1ª. Dimensão

- Esta dimensão é aquela onde a consciência dos seus integrantes tem a frequência vibracional mais baixa;
- Esta dimensão é coincidente com o 1º Plano de Existência que é onde estão todos os minerais e estruturas moleculares inorgânicas;
- Dessa maneira, ela engloba aqui, todas as rochas, a terra, os cristais, pertencentes a esta dimensão a ao correspondente Plano Existencial.

2ª. Dimensão

- Esta dimensão é coincidente com o 2º Plano Existencial e envolve todas as consciências do reino vegetal, composto por todas as plantas, os arbustos, as árvores, assim como, toda forma de vida que gera fotossíntese.

3ª. Dimensão

- Esta dimensão é coincidente com 3º Plano Existencial, englobando todas as consciências de todos os seres vivos do reino animal, onde todos os animais, inclusive nós, os seres humanos, habitamos.

4ª. Dimensão

- Esta dimensão é coincidente com o 4º Plano Existencial daquelas consciências, nas quais os espíritos ainda estão em processo evolucionário no Planeta Escola e estão a caminho para assumir novas jornadas existenciais no 3º Plano Existencial;
- A partir desta dimensão, os seres multidimensionais orientados para o mal enviam os seus ataques espirituais aos seres humanos.

4ª. Dimensão (Níveis Intermediários)

- Nível Inferior, habitado por aquelas consciências que são representadas pelos seres trevosos e resistentes à evolução, o chamado Umbral;
- Nível Intermediário, habitado pelas consciências que aguardam oportunidade para retornar à 3ª Dimensão por meio de um projeto existencial no Planeta Escola;
- Nível Superior, habitado pelos seres elementais da natureza, as sílfides do (ar), os gnomos e duendes (terra), as ninfas, nereidas e ondinas (água), as salamandras (fogo) e as dríades (plantas).

5ª. Dimensão

- Esta dimensão pertence ao 5º Plano de Existência e é habitada por seres que não vão mais passar pelo Planeta Escola, a não ser que escolham esta missão, de maneira voluntária;
- Esta dimensão é estruturante do corpo de Luz e é o primeiro estágio da ascensão espiritual da consciência;
- Este é o Plano onde nos seus níveis superiores estão os mestres ascensionados, bem como toda a hierarquia de seres de luz.

6ª. Dimensão

- Esta dimensão também pertence ao 5º Plano de Existência;
- Nela está contida o conjunto de todas as matrizes de DNA com relação a todas as espécies existentes no Multiverso;

- Nesta dimensão também está gravada toda a codificação dos tons e matizes de luz;
- É a partir desta dimensão que a consciência cria com o pensamento a sua realidade.

7ª. Dimensão

- Esta dimensão também é pertencente ao 5º Plano de Existência;
- Ela é a dimensão da criatividade pura, da pura luz, da pura forma e pura expressão;
- Esta é a dimensão do aperfeiçoamento infinito;
- Esta dimensão é a última em que a consciência se vê como um indivíduo separado do Todo Universal.

8ª. Dimensão

- Esta dimensão também é pertencente ao 5º Plano de Existência;
- Ela é a dimensão da mente grupal ou também do espírito de grupo (Somos Todos Um);
- Ela também é caracterizada pela total perda do EGO.

9ª. Dimensão

- Esta dimensão ainda é pertencente ao 5º Plano de Existência;
- Ela é caracterizada pela consciência coletiva dos planetas, sistemas estelares, galáxias e dimensões;
- Nesta dimensão, a pessoa uma vez que não tem mais o senso de individualidade, torna-se integrada à Consciência Cósmica.

10ª. Dimensão

- Esta dimensão é pertencente ao 6º Plano de Existência e contém todas as Leis que governam o Universo;

- Ela é caracterizada por ser a fonte das emissões de ondas de altíssima frequência que estão trabalhando a ativação das cadeias de DNA humano adormecidas até este momento;
- Nesta dimensão habitam as consciências chamadas "Elohim"; responsáveis por apoiar a Criação de Tudo O que É;
- Aqui são desenhados os projetos existenciais e toda a interação de Tudo O que É;
- Nesta dimensão, o EGO pode ser ativado para apoiar a Criação, com relação à emanação e focalização de energia.

11ª. Dimensão

- Esta dimensão também é pertencente ao 6º Plano de Existência;
- Esta é a dimensão que antecede a formação de um Universo, a partir da emanação do Todo Universal (*Big Bang*);
- É aquele estado de enorme tensão energética, o qual pode ser relacionado de maneira simplista àquele momento de expectativa e êxtase que antecede um espirro ou um orgasmo;
- Esta é a dimensão Metatron, bem como de todos os arcanjos superiores, na forma de luz e energia pura de elevadíssima frequência vibracional;
- Esta é também a dimensão dos Arquivos e dos Registros Akáshicos, fonte viva de todas as informações que compõem Tudo O que É.

12ª. Dimensão

- Esta dimensão também é pertencente ao 7º Plano de Existência;
- Esta é a dimensão da Fonte da Luz Criadora de Tudo O que É;
- É o Ponto Inicial, onde a consciência em seu estágio final de evolução integra-se completamente com a Fonte da Criação e sente-se plenamente em unidade;

- Ao entrar em contato com a energia desta dimensão, a consciência nunca mais é a mesma, pois ela experimenta um tal estado energético que não é comparado a nada com o que vivenciamos neste Planeta Escola;
- Vibração infinita, frequência infinita, energia infinita, amor infinito e consciência infinita, esta é a dimensão Criadora de Tudo O que É.

4.4 Os Planos Existenciais e Estágios Evolucionários

Quando começamos a estudar as questões evolutivas, é possível observar que o ser humano, enquanto consciência e possuidor de uma alma, é fruto de um extenso processo de aprimoramento e refinamento espiritual, ao longo de existências neste Planeta Escola.

O nosso projeto existencial é compatível com o grau de expansão da consciência da alma. Dessa maneira, o mundo, o ambiente e o plano existencial dependem desse grau de expansão de consciência.

Para entendermos isso ainda melhor, vamos descrever cada um dos planos existenciais e como eles são conhecidos.

1º Plano de Existência

- É importante destacar que o Plano Existencial é aquele ambiente onde a consciência experimenta a sua existência e, necessariamente, engloba uma ou outras dimensões.
- Este plano é aquele onde estão todos os minerais e estruturas moleculares inorgânicas.
- Dessa maneira, todas as rochas, a terra, os cristais pertencem a este Plano Existencial.

2º Plano de Existência

- Este é o Plano Existencial do reino vegetal de todas as plantas, os arbustos, as árvores e toda forma de vida que gera a fotossíntese.

3º Plano de Existência

- Este é o Plano Existencial do reino animal, onde todos animais, inclusive nós, os seres humanos, habitamos.

4º Plano de Existência

- Este é o Plano Existencial daquelas consciências cujos espíritos ainda estão em processo evolucionário no Planeta Escola e estão em trânsito para assumir novas jornadas existenciais no 3º Plano Existencial;
- A partir deste plano, os seres multidimensionais orientados para o mal deflagram os seus ataques espirituais aos seres humanos.

5º Plano de Existência

- Este é o Plano Existencial daquelas consciências, cujos espíritos estão em um processo evolucionário acima do 4º Plano e não vão ter mais jornadas existenciais neste Planeta Escola;
- Este é o Plano onde nos seus níveis superiores estão os mestres ascensionados, assim como toda a hierarquia de anjos, arcanjos e consciências celestiais.

6º Plano de Existência

- Este é o Plano Existencial onde estão alocadas todas as Leis Universais que regem o funcionamento do Universo, tais como: Lei do Amor, Lei da Causa e Efeito, Lei do Carma, Lei da Justiça, Lei do Mentalismo, Lei da Vibração e etc., pois Tudo O que É está submetido a essas Leis Universais.

7º Plano de Existência

- Este é o Plano Existencial da Fonte da Luz Criadora de Tudo O que É. Neste plano, tudo está fundido ao todo. Não existe individualismo. A onda primordial de energia é pura e vibra em uma frequência altíssima com amor e consciência infinitas, emanando luz e vida para todo o Multiverso.

4.5 A Trajetória Para a Ascensão

A alma humana, na sua jornada evolutiva, passa por um processo contínuo de depuração e de aprendizado. Então, por meio desse processo, ela vai aproximando-se cada vez mais do Todo Universal.

É importante destacar que, no final desse processo, acontece o aprimoramento moral, aproximando-se cada vez mais do sentimento do amor incondicional. Na sequência, é descrito este processo de evolução e aprendizado passo a passo:

1. A alma tem que resolver como alcançará a evolução;
2. A alma usa a sua sensibilidade e recebe o impulso da energia masculina;
3. A alma tempera a sua sensibilidade com a razão;
4. A alma se torna objetiva e recebe novo impulso de energia masculina;
5. A alma encontra na fé estímulo para prosseguir;
6. A alma faz a sua primeira escolha espiritual;
7. Definida a escolha, a alma segue em frente, determinada;
8. A alma estando equilibrada, colhe os primeiros resultados;
9. A alma encerra um ciclo, se recolhe e estuda;
10. A alma retoma a caminhada evolutiva;
11. A alma exerce controle sobre o seu interior e exterior;
12. A alma entende e vivencia seus carmas e resgata suas dívidas pelos erros passados;
13. A alma resolve cortar elos e eliminar o que não serve para sua evolução;
14. A alma vive a calma, usufrui as suas conquistas;
15. A alma é tentada, acumulou luz e precisa provar que sabe o que quer. Faz uma segunda escolha, dessa vez entre o bem e o mal;
16. A alma ainda não estava suficientemente forte e paga com alguma derrota o resultado do erro;
17. A alma refaz conceitos e recebe um dom como prêmio, por voltar à caminhada;

18. A alma aprende por meio dos sonhos, consegue acessar o inconsciente e usa a intuição;
19. A alma recebe muita luz, assumindo a responsabilidade de amparar outras almas;
20. A alma enfrenta a avaliação divina;
21. A alma alcança, finalmente, a perfeição;
22. A alma terminou um trajeto, evoluiu, mas deseja fazer uma nova busca, num nível de percepção diferente.

Essa é uma referência resumida do processo de evolução que as almas passam ao longo de sua trajetória no Planeta Escola, então submetidas às Leis Universais, assim como, aos processos alquímicos conscienciais correlacionados a essas mesmas Leis.

4.6 A Expansão da Consciência

No momento em que a pessoa começa a desenvolver o seu autoconhecimento, inicia o movimento de percepção e de compreensão do ambiente ao seu redor, de maneira mais objetiva. Com isso, distancia-se, gradualmente, do seu EGO.

Nesse processo de expansão, a pessoa caminha em direção ao seu propósito de vida, aproximando-se do sentimento de amor, aumentando o nível da sua energia vibracional e, por consequência, gerando luz.

Sendo assim, no momento em que sua consciência expande, todo o ambiente à sua volta começa também a mudar para realizar o correspondente ajuste energético.

Nessa escala evolutiva e à medida que o sentimento vai mudando no seu íntimo, evoluindo passo a passo, ao longo da sua existência, seu poder interior aumenta gradativamente, desenvolvendo cada vez mais a sua capacidade de cocriação da sua realidade com o Universo.

Essa evolução também está atrelada à subida da energia da Kundalini ao longo da coluna vertebral. Nesse processo a energia segue, atravessando todos os chakras (centros de energia) até chegar ao Chakra Sahasrara (Coronário), no alto da cabeça, provocando também a ativação energética dos Chakras superiores, que são Vishuddha (Laríngeo), Ajna (Frontal) e

Sahasrara (Coronário), desenvolvendo no ser humano o que é conhecido como visão remota ou poderes psi, os quais são descritos a seguir.

A Clariaudiência

- Esta capacidade surge a partir da expansão e ativação do Chakra Laríngeo, que permite à pessoa conseguir "ouvir" mensagens ou orientações passadas por consciências multidimensionais.
- Geralmente é o primeiro dos poderes "psi", que a expansão da consciência ativa na pessoa.

A Clarividência

- Esta capacidade surge a partir da expansão e ativação do Chakra Frontal (3º Olho), que permite à pessoa conseguir "ver" e interagir com as diversas consciências multidimensionais.
- Geralmente é o segundo dos poderes "psi", que a expansão da consciência ativa na pessoa.

A Projeção Astral e da Consciência

- Esta capacidade surge a partir da expansão e ativação do Chakra Coronário (alto da cabeça), que permite à pessoa conseguir projetar, conscientemente e de acordo com sua vontade, o seu Corpo Astral em um primeiro momento e, após mais algum desenvolvimento, o seu Corpo Búdico (Consciência) visitando outras dimensões, outros locais e outras linhas de tempo, passado e/ou futuro, "vendo", "ouvindo" e "interagindo" com as diversas consciências multidimensionais.
- Geralmente é o terceiro dos poderes "psi", que a expansão da consciência ativa na pessoa.

Outros Poderes Psi

- **Telepatia** – A capacidade de interagir, por meio da vontade, com outros indivíduos tendo como meio de comunicação, a força do pensamento;

- **Telecinese** – A capacidade de movimentar objetos, por meio da vontade, tendo como meio de movimentação a ação da força do pensamento;
- **Teletransporte** – A capacidade de transportar objetos, por meio da vontade, tendo como meio de movimentação a abertura de portal multidimensional, produzido a partir da ação da força do pensamento.

Dessa maneira, todo esse conjunto aqui apresentado reflete a evolução da consciência compatível com o seu grau de expansão e, principalmente, a sua trajetória evolutiva neste Planeta Escola. Isso coopera para o entendimento das dores e travas do ser humano, as quais explanaremos nos próximos capítulos.

SEGUNDA PARTE
ORIGENS DO SOFRIMENTO HUMANO

CAPÍTULO 5
AS LEIS HERMÉTICAS DE TUDO O QUE É

"...Tudo está dentro como está fora e tudo está acima como está abaixo..."
Hermes Trismegisto

5.1 A Filosofia Hermética

Hermes Trismegisto foi um filósofo egípcio que influenciou muito o pensamento humano. Seu trabalho foi imortalizado por meio do livro *O Caibalion*, escrito por três autores chamados Os Três Iniciados, que são na verdade: a Fonte da Luz Criadora de Tudo O que É, a Centelha Divina (Eu Superior) e o Corpo Físico.

O *Caibalion* apresenta para nós algumas das regras e leis que regulam o funcionamento do Universo em todas as suas dimensões e planos existenciais.

Por isso, ao decidir estudar esse assunto, é preciso manter a mente aberta, completamente livre de dogmas, para poder captar a verdadeira essência de tudo aquilo que esse mestre quis transmitir a partir da sua verdade e de como ele enxergava o Universo e Tudo O que É.

Ele influenciou várias áreas de estudo da humanidade, sendo possível citar a Cabala Hermética, um fascinante campo de estudo e de entendimento das questões relativas à consciência humana.

O pensamento de Hermes Trismegisto está condensado na forma dos sete princípios filosóficos do hermetismo, que são comumente chamados de leis herméticas. São elas:

- Lei do Mentalismo;
- Lei da Correspondência;
- Lei da Vibração;
- Lei da Polaridade;
- Lei do Ritmo;
- Lei do Gênero;
- Lei de Causa e Efeito.

Esses princípios, na forma de suas leis, seguem apresentados e descritos de maneira mais clara na sequência;

5.2 A Lei do Mentalismo

Esta Lei Hermética define que tudo no Universo é mental. Sendo possível ainda, ao fazer uma análise mais profunda, verificar que tudo no Universo é Consciência e que esta Consciência se manifesta em diferentes graus de expansão.

Com isso, ao se alinhar à correlação Vibração, Frequência, Energia e Geometria, é possível perceber que, todas as dimensões e planos existenciais, ou seja, tudo no Universo é formado por ondas que carregam informações dotadas de consciências por mais diferentes e menores que sejam.

5.3 A Lei da Correspondência

Neste princípio, tudo o que está em cima no Universo também está embaixo, ou seja, as galáxias são semelhantes aos átomos. Com base nesse princípio, todos os elementos do Universo correspondem e estão conectados entre si de forma que o Criador também é a criatura, apenas obedecendo à escala em tamanho e poder.

Conforme a Teoria do Caos, segundo a qual não existe Caos absoluto e sim, um tipo de ordenamento que estabelece os comportamentos estruturantes que, por sua vez, conferem ordem ao caos. É possível perceber isso nas mais diversas formas universais, Galáxias, Constelações, Sistemas Planetários, bem como nas estruturas dos menores seres vivos. Para entendermos melhor, a figura 3.5.1 mostra este comportamento na forma física de algumas estruturas Universais que contêm o mesmo tipo de formação e ordenamento na matéria em estruturas microscópicas.

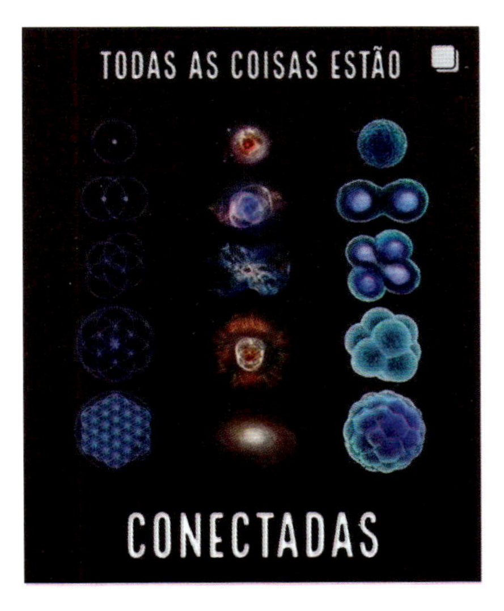

Figura 3.5.1 – A Correspondência Entre As Formas.

5.4 A Lei da Vibração

Esta Lei vem mostrar que Tudo no Universo é energia e, por isso, está vibrando de uma forma específica e ressonante com a vibração do Todo Universal. Sendo assim, nós, como seres humanos, também vibramos em diferentes frequências, conforme o nosso estado emocional.

- **Vibração Elevada** – Sentimentos positivos elevam a nossa vibração e nos aproximam do Todo Universal e da Fonte da Criação de Tudo O que É.
- **Vibração Baixa** – Sentimentos negativos abaixam a nossa vibração e nos afastam do Todo Universal e da Fonte da Criação de Tudo O que É.

5.5 A Lei da Polaridade

Aqui é estabelecido que tudo no Universo é apresentado em pares, equilibrando os opostos: luz e escuridão, branco e preto, alto e baixo, grande e pequeno, positivo e negativo. Para que um elemento exista, seu oposto também precisa existir, permitindo o aprendizado das consciências.

Dessa maneira, o caminho para a ascensão do ser humano exige que ele vivencie os dois lados de tudo que se apresenta, ou seja, necessita experimentar a luz e a sombra, o positivo e o negativo, o bom e o ruim, o certo e o errado, para, então, lapidar a sua consciência ao longo de seu processo evolutivo.

5.6 A Lei do Ritmo

Tudo no Universo segue um movimento de oscilação constante. Assim como as ondas do mar, as fases da lua, os ciclos das estações e até mesmo nosso estado emocional, tudo flutua e varia ao longo do tempo.

Uma técnica poderosa para criar mudanças positivas em nossa vida é o uso de afirmações. Essas afirmações consistem em expressar de forma positiva e assertiva aquilo que desejamos manifestar em nossa realidade. No entanto, é importante utilizar substantivos ao formular as afirmações, em vez de adjetivos.

Por exemplo, em vez de dizer "eu sou rico" ou "eu sou próspero", podemos afirmar "eu sou a riqueza" e "eu sou a prosperidade". Essa abordagem permite que nossa mente inconsciente se alinhe com as afirmações de forma mais poderosa. Quando utilizamos substantivos, reconhecemos que estamos conectados com a abundância do Universo como um todo, e assim o inconsciente valida e amplifica essas afirmações.

Ao praticarmos afirmações positivas dessa maneira, somos capazes de transformar a energia negativa em positiva. Essas afirmações têm o potencial de criar uma mudança vibracional em nós, elevando nossa energia e atraindo experiências e resultados alinhados com aquilo que afirmamos.

Portanto, ao utilizar essa técnica das afirmações positivas com substantivos, abrimos as portas para a transformação e permitimos que a energia elevada e positiva flua em todas as áreas de nossa vida.

5.7 A Lei do Gênero

Tudo no Universo obedece ao comportamento oposto de gênero, ou seja, macho e fêmea, masculino e feminino, o qual também se traduz como formas de aprendizado das consciências.

Sendo assim, é necessário que se tome consciência que o caminho para a nossa ascensão, como seres humanos exige vivenciarmos os dois lados dessa oposição.

Dessa maneira, necessitamos experimentar o *yang* e o *yin*, o macho e a fêmea, a expansão e a retração, a abundância e a escassez, a fim de que possamos lapidar nossa consciência ao longo de nosso processo evolutivo.

5.8 A Lei da Causa e Efeito

Este princípio nos traz o entendimento de que tudo no Universo obedece ao comportamento de que, tudo o que se faz, ou como se atua, provoca um efeito futuro que é compatível e reativo a esse movimento inicial.

Esta, talvez seja a mais categórica das Leis Universais, pois trata diretamente da velocidade com que podemos evoluir, uma vez que sempre que agimos para alterar o equilíbrio do Universo, de alguma forma, impactamos no nosso próprio processo evolutivo.

Viver de acordo com essas leis é um processo muito complexo, por isso a dificuldade para o ser humano alcançar a sua iluminação. Por isso, é muito importante entender os mecanismos de funcionamento do Universo para que, a partir deles, se torne mais fácil o desenvolvimento e expansão da nossa consciência.

No momento que viemos a este Planeta Escola, planeta Terra, nem sempre nos adaptamos aos princípios e às leis que regem o Universo, sendo necessário passarmos por processos de transformação da nossa consciência, chamados de Processos de Alquimia Consciencial ou Processos Alquímicos. Estes processos serão melhor explicados ao longo do próximo capítulo.

CAPÍTULO 6
A ALQUIMIA E O FUNCIONAMENTO DO UNIVERSO

"...A Pedra Filosofal é a própria Consciência Crística..."
Prof. Hélio Couto

6.1 A Alquimia Consciencial

Os antigos alquimistas estudavam os processos conscienciais pelos quais todo ser humano passa ao longo de sua trajetória neste Planeta Escola. Baseado nesse estudo, verificou-se a existência de alguns processos que realizam a transformação da consciência, uma vez que ela nem sempre se adapta aos princípios e leis que regem o Universo.

Alguns estudiosos os denominam como "processos de alquimia consciencial" ou simplesmente "processos alquímicos", sendo alguns deles:

- ***Calcinatio*** – o fogo;
- ***Solutio*** – a água;
- ***Coagulatio*** – a terra;
- ***Sublimatio*** – o ar;
- ***Mortificatio*** – o éter;
- ***Separatio*** – os opostos;

- ***Coniunctio*** – a individuação;
- ***Androginio*** – a união dos opostos;
- **A Pedra Filosofal** – a ascensão.

Esses processos alquímicos são vivenciados em todos os campos da vida do ser humano, especialmente nas:

- Relações individuais;
- Relações familiares;
- Relações comerciais;
- Relações amorosas;
- Relações sociais;
- Relações com a Natureza e com a Criação.

E estão intimamente ligados com o aprendizado do ser humano na sua trajetória terrena e serão melhor estudados na sequência a seguir.

6.2. Os processos alquímicos

1. O Processo *Calcinatio*

É caracterizado pelos conflitos internos e externos, ou seja, todo o sofrimento que o ser humano experimenta na vida devido aos apegos do EGO. O *Calcinatio* é regido pelo elemento fogo. Como dizia Lao Tsé, Buda é o Homem menos o seu EGO.

Sendo assim, no momento em que nascemos e choramos, já estamos manifestando o EGO e nossa insatisfação com aquilo que está acontecendo. Dessa forma, assaltos, abusos, assassinatos, golpes em negociações ou mesmo guerras, são manifestações do *Calcinatio* que geram dor, conflito, infelicidade e outras sensações inferiores, ou seja, é a evolução para alinhamento às Leis Universais, conseguida por meio da depuração da consciência a partir da ação direta do elemento fogo.

2. O Processo *Solutio*

É caracterizado pela ação da pessoa, a partir do sentimento do Amor Incondicional, pois, ao caminhar e a seguir adotando sempre a premissa do amor, conectamo-nos à Fonte da Luz Criadora de Tudo o Que É. O *Solutio* é regido pelo elemento água.

A partir dessa conexão com o amor incondicional, a consciência experimenta a verdadeira felicidade, pois ela está no mundo, mas não é mais do mundo, uma vez que está em um grau de expansão de sua consciência muito acima das demais consciências humanas. Dessa forma, as coisas deste mundo não mais a atingem, a frustram ou a impactam negativamente.

Esse processo alquímico é o oposto do *Calcinatio* e é o que mais contribui para a elevação espiritual da pessoa e a conduz à iluminação e à sua ascensão.

3. O Processo *Coagulatio*

O *Coagulatio* é o processo alquímico que é representado pelo elemento terra. Nesse processo, a pessoa toma consciência e experimenta a realidade deste Planeta Escola, até mesmo para que possa desenvolver as suas raízes, seu caráter, sua capacidade de ação e de tomada de decisão.

A esse processo está caracterizada a nossa conexão com a família, pai, mãe e antepassados. Conexão essa que rege o equilíbrio do ser humano, a firmeza na condução da sua vida e assunção de responsabilidade nos diversos assuntos ligados a essa experiência no Planeta Escola.

4. O Processo *Sublimatio*

O *Sublimatio* é o processo alquímico representado pelo elemento ar. Segundo esse processo, a consciência transforma o estado mental, emocional e espiritual, elevando a sua vibração e estado energético para vivenciar o amor incondicional, a gratidão, a alegria e a felicidade, intensificando a sua conexão com a Fonte da Luz Criadora de Tudo o Que É.

Ao experienciar o processo *Sublimatio*, vamos aumentando a nossa condição de cocriar, ou seja, criar a própria realidade em conjunto com o Todo Universal, de maneira consciente, consistente e sustentável.

O *Sublimatio* é caracterizado também pelo aumento do nosso autoconhecimento e a correspondente expansão de nossa consciência, visto que esse processo alquímico está relacionado com o elemento ar.

5. O Processo *Mortificatio*

O *Mortificatio* é o processo alquímico representado pelo elemento éter. Nesse processo, a consciência paga (no sentido de amortizar) todo o amor que foi derramado pelo Todo Universal e que recebeu ao longo de todas as suas existências, nas quais é devedor.

Esse é um processo ligado ao livre-arbítrio e cada consciência vivencia isso à sua maneira e de modo muito específico, ao longo da trajetória neste Planeta Escola.

Esse processo alquímico também é o que faz com que as contas do balanço energético do Universo sejam equilibradas ao longo da existência da pessoa enquanto consciência, sob a ótica do *ad eternum*, por toda a eternidade, de todas as existências interligadas de cada consciência que é.

De um modo ou de outro, esse balanceamento precisa acontecer. Nesse sentido, tem-se aquela máxima de que se o processo de expansão da consciência não ocorre pelo amor, certamente será pela dor. Por isso, uma das principais maneiras de aumentar o grau de expansão da consciência é ajudar o próximo, fazendo o bem não interessando a quem.

Esse processo alquímico remete à interligação de todos os processos anteriormente abordados e está associado com o elemento éter.

6. O Processo *Separatio*

O *Separatio* é o processo alquímico, por meio do qual a consciência experimenta, para seu crescimento e aprendizado, as oposições existentes na natureza: o bem e o mal, o bom e o ruim, a luz e as trevas, o positivo e o negativo. Tais extremos existem, naturalmente, a partir de energias diametralmente opostas. Além disso, é curioso observar que um polo não existe sem o outro.

Esse processo alquímico está diretamente ligado às duas leis herméticas que tratam das relações entre opostos: a Lei da Polaridade e a Lei do Gênero.

7. O Processo *Coniunctio*

O *Coniunctio* é o processo alquímico no qual a consciência humana experimenta a ressonância e a aproximação com a energia do Todo Universal.

Ao mesmo tempo que a consciência é individual, ela é integrada ao Todo Universal, única e integrada à Consciência Cósmica.

Esse é, portanto, um processo importantíssimo na jornada de evolução da consciência para a sua iluminação e, por conseguinte, para o seu processo de ascensão.

8. O Processo *Androginio*

O *Androginio* é o processo por meio do qual a consciência finalmente realiza a união dos opostos no seu íntimo. É, portanto, onde a consciência entende o comportamento dual e posiciona-se no caminho do meio, o TAO. A partir desse instante, como citado anteriormente, a consciência está no mundo, mas não é mais do mundo, está acima dos conflitos e dos apegos do ego, rumo à sua iluminação e à sua ascensão espiritual.

9. A Pedra Filosofal

Os processos alquímicos são vivenciados pela consciência de cada indivíduo e, em última instância, têm um impacto na alma dessa consciência. É essencial ressaltar que a Fonte da Criação constantemente gera uma quantidade infinita de mônadas, que são as estruturas que dão origem às almas mais conectadas ao Vácuo Quântico.

O Vácuo Quântico é, nesse sentido, uma onda consciente de energia e informação de elevadíssima vibração que engloba Tudo o Que É. Inclui, da mesma sorte, todos os Universos, todas as Dimensões e Realidades Alternativas.

A mônada, por sua vez, produz 12 almas. Cada alma gera outras 12 extensões de alma. Cada extensão de alma é uma personalidade diferente e única, possuindo uma consciência que é distinta, singular e, ao mesmo tempo, totalmente integrada à consciência do Todo Universal.

Dessa forma, a estruturação tem como objetivo o aprendizado contínuo ao longo da escala evolutiva, culminando no retorno da alma à mônada e na integração final com o Todo Universal.

Importante destacar que a evolução de uma extensão de alma contribui para a evolução de todas as demais almas de uma mesma mônada, de maneira que o desenvolvimento das almas de uma mônada ocorre de forma simultânea e sincronizada.

Analisando do ponto de vista quântico, a alma, assim como a extensão de alma, são estruturas sutis produzidas a partir da redução vibracional da onda primordial que é a Fonte da Luz Criadora de Tudo O que É, ou seja, o Vácuo Quântico.

Dessa forma, existe uma confusão sobre a alquimia e o que seja a pedra filosofal, pois a pedra filosofal em vez de ser uma pedra mágica que transforma chumbo em ouro, na verdade, é a nossa consciência completamente evoluída, no formato final de sua evolução e ascensão cósmica, retornando à Fonte original por meio da mônada.

O processo de ascensão da consciência ocorre, pois, a partir de três etapas muito específicas e que são chamadas iniciações.

Uma primeira iniciação acontece logo após dominarmos totalmente nossas emoções, em que ocorre a fusão dos nossos corpos astral e mental inferior.

O processo evolutivo continua e uma segunda iniciação acontece no instante seguinte no qual conseguimos dominar totalmente o ego, ocorrendo então a fusão dos nossos corpos astral, mental inferior (mental) e mental superior (causal).

A partir desse momento, a consciência inicia sua jornada final em direção à ascensão e busca pela consciência cósmica, também conhecida como consciência crística. Quando esse estágio é alcançado, ocorre a terceira e última iniciação.

Quando falamos de consciência crística, estamos nos referindo ao estado de elevação da consciência em que grandes avatares que passaram pelo Planeta Escola alcançaram, a saber, Jesus Cristo, Buda, Krishna, Saint Germain, Hilarion, Mestra Nada, entre outros. E todos nós possuímos essa capacidade de alcançar estados elevados de evolução, pois esse é o nosso objetivo enquanto seres habitantes da 3ª dimensão para que possamos subir na escala evolutiva da criação.

Dessa forma, a partir do momento em que conseguimos vivenciar a plenitude do amor incondicional, experienciar a gratidão e a completa felicidade, alcançamos finalmente a ascensão. É, portanto, nesse momento, que a consciência faz a sua derradeira passagem ao ser lançada diretamente à 5ª dimensão devido ao seu nível de energia.

E no momento dessa passagem, ocorre a fusão dos corpos sutis inferiores com o corpo da consciência (búdico) e, então, o espírito alcança a exponenciação de sua energia e, ao retornar ao corpo, desintegra-o completamente, devido a altíssima frequência vibracional e pelo nível de energia elevadíssimo ao qual é submetido.

E, assim como os mestres ascensos, ocorre a ressurreição dessa consciência que, ao possuir o total domínio da matéria, do tempo e do espaço, pode inclusive escolher permanecer nessa ou em outra dimensão de frequência mais elevada.

A consciência, então, ao alcançar esse estado evolutivo, passa a representar o que os alquimistas chamam de a Pedra Filosofal, ou seja, é o momento evolutivo no qual a pessoa alcança a consciência crística, ou a consciência cósmica, como também é chamada.

CAPÍTULO 7
AS TRAVAS E DORES DO SER HUMANO

7.1 As travas e dores do ser humano X Conhecimento

De acordo com o Dr. David Hawkins, em sua Escala do Nível de Consciência, a humanidade encontra-se atualmente no nível da Neutralidade e Indiferença.

Devido a isso, é possível realizarmos algumas reflexões a respeito do momento atual de nossa civilização, em que a maioria das pessoas, em algum nível, vivencia elementos que trazem dor e sofrimento.

Vida estagnada, em todos os seus aspectos, seja no âmbito profissional e financeiro, seja nos relacionamentos interpessoais e amorosos, seja em questões relacionadas ao propósito de vida ou na própria realização pessoal.

Eventos repetitivos de rompimentos ou quedas, em todas as áreas da vida, ou seja, quando a pessoa pensa que conseguiu se estabilizar, "algo" acontece e tudo se desfaz como se fosse um castelo de cartas.

Grande desgaste energético, como se não restasse mais energia para se viver com toda a plenitude, ou seja, a pessoa está no modo sobrevivência e caminhando em "piloto automático".

Somatizações, doenças ou desordens físicas, mentais, emocionais ou espirituais, muitas vezes, sem origem ou causas claras, que sejam bem caracterizadas.

Em razão de mais de 80% da população mundial vivenciar desequilíbrios em algum grau, fica evidente a importância de estudarmos os princípios da Mecânica Quântica aplicados às questões da consciência humana.

O conhecimento das Leis do Universo amplia a compreensão sobre os motivos pelos quais eventos ocorrem ou deixam de ocorrer na vida de uma pessoa.

Entender os mecanismos que regem os processos existenciais, aos quais a pessoa está submetida, possibilita a realização assertiva de autoanálise e correspondente reposicionamento de comportamento para minimizar o sofrimento humano.

Constatar as correlações quânticas no ambiente familiar, assim como da santíssima Trindade, formada por pai, mãe e filho, possibilita a nossa libertação de uma vida que não anda e não progride devido a essas correlações.

Perceber as correlações quânticas das Leis da Manifestação nos permite melhorar a nossa capacidade e potencial para cocriar com o Universo de maneira a manifestar na vida tudo aquilo que desejamos.

Compreender as correlações quânticas da Escala Hawkins do Nível de Consciência permite reprogramar-nos do ponto de vista mental, emocional e espiritual, a fim de libertar e potencializar o nosso poder pessoal de cocriação com o Universo.

O estudo da quântica nos permite entender por que o nosso nível energético para criação, inovação, execução e realização, oscila fora de seu equilíbrio.

O estudo da quântica permite ainda a neutralização do EGO, possibilitando a nossa centelha divina, ou nosso Eu Superior, guiar a nossa vida, nos colocando naquela realidade alternativa que seja para o nosso bem maior.

Entender as correlações quânticas entre os níveis emocional, mental e físico nos permite avaliar e analisar os mecanismos das diversas doenças físicas e o seu potencial de ressignificação.

Entender as correlações quânticas associadas ao relacionamento humano permite avaliar seus relacionamentos amorosos e construir um relacionamento amoroso que seja consciente, consistente, sustentável, pleno e absolutamente realizador.

Entender os princípios da Mecânica Quântica e suas reverberações metafísicas no campo da consciência humana nos permite uma evolução acelerada enquanto consciência e sua exponenciação, em todos os campos da nossa vida.

7.2 A Origem das Travas e Sofrimento do Ser Humano

Existem somente dois sentimentos principais que dão origem a todos os outros:

- **Amor** – Aproxima-nos de nossa Centelha Divina, do nosso Eu Superior;
- **Medo** – Aproxima-nos do nosso lado instintivo, do nosso EGO.

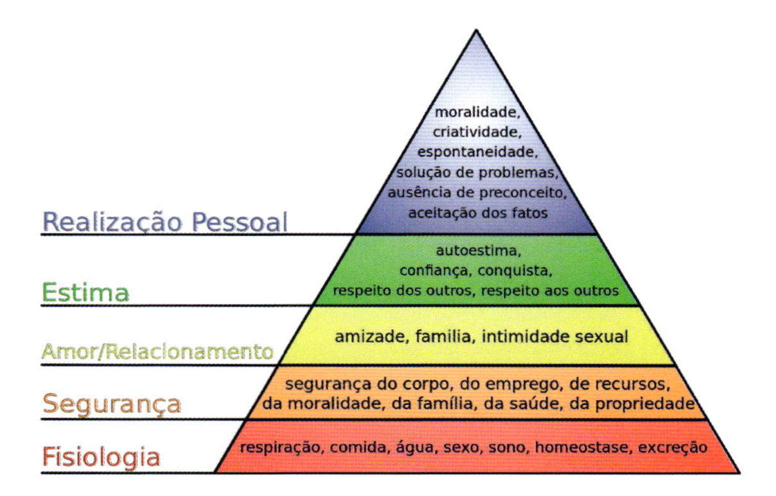

Figura 3.2.1 – Os Anseios do Ser Humano. Pirâmide de Maslow.

Dentre as principais origens das travas ao nosso crescimento, é possível citar:

- **Pais e Filhos** – conflitos emocionais com nossos pais;
- **Crenças** – elementos que foram implantados no nosso inconsciente, a partir da interação com o ambiente, ao longo da vida;
- **Sentimentos Negativos** – a calibração em sentimentos de baixa vibração, ou ainda, sentimentos ocultos de não merecimento.

Dois vetores contribuem para a detecção / ressignificação das travas e do sofrimento da pessoa, sendo eles:

- **Autoconhecimento** – o autoconhecimento possibilita compreender a totalidade do seu mundo interior e conhecer o ambiente no qual estamos inseridos, permitindo assim a identificação e ressignificação de crenças e sentimentos de baixa calibração;

- **Expansão da Consciência** – o aumento da expansão da consciência eleva a nossa vibração, permitindo a detecção/ ressignificação de travas e do sofrimento, sendo que isso se dá por meio de alguns elementos:

  - Dedicar-nos a um propósito de corpo e alma, algo que se faça com amor;
  - Adquirir conhecimento e compartilhar esse conhecimento, seja de maneira gratuita ou remunerada;
  - Ajudar, ajudar, ajudar... praticando o bem sem olhar a quem;
  - Terapias complementares e integrativas – A partir do uso de instrumentos terapêuticos, o terapeuta conduz-nos e auxilia a detectar a origem de nossas travas e sofrimento, bem como a realizar a ressignificação desses sentimentos, possibilitando o nosso salto energético e o correspondente destravamento da nossa vida.

7.3 A Identificação da Causa ou Causas raiz das Travas

A busca pela causa raiz abrange uma análise aprofundada dos seguintes elementos:

- Nossa energia cósmica no momento da avaliação;
- Funcionamento dos nossos chakras e correlações emocionais;
- Somatizações físicas, mentais e suas correlações emocionais;
- Leis que regem os princípios das constelações sistêmicas e familiares;
- Escala Hawkins do Nível de Consciência.

A busca da causa raiz dá-se por meio dos seguintes procedimentos: a análise, o escaneamento e a entrevista. O procedimento de escaneamento pode ser realizado via acesso direto quando se possui visão remota, ou pelo uso do pêndulo radiestésico.

A avaliação preliminar do estado de frequência energética vibracional do partilhante (aquele que recebe o atendimento da TQA) é feita em dois níveis:

- Análise da numerologia cabalística do partilhante e correspondente determinação do período sazonal energético que o mesmo está alocado;
- Escaneamento do Campo Vibracional e Corpos Sutis do Partilhante e consequente estado energético.

Após a avaliação da condição da energia cósmica da pessoa e análise de campo, fazemos a investigação do nível de calibração do partilhante à luz da Escala Hawkins do Nível de Consciência, pois essa informação é crucial para a identificação e isolamento da causa raiz dos problemas da pessoa em atendimento.

Essa investigação é realizada pelo escaneamento do Nível do Estado de Consciência, para se determinar em qual nível o partilhante está calibrando à luz da Escala Hawkins, seja efetuado por visão remota, seja por pêndulo radiestésico.

Feito isso, conforme o protocolo da Terapia Quântica Aplicada, a primeira sessão deve começar pela entrevista, para busca de possíveis impactos e causa raiz. Em um primeiro momento, avaliamos as queixas do partilhante quanto a problemas físicos, tais como: mal-estar, dor, doenças crônicas ou agudas, questões de síndrome do pânico, depressão e outros.

Na TQA, os sintomas físicos, na forma de suas somatizações, desequilíbrios e doenças são indicativos de que algo no sistema como um todo não está bem. Esses sintomas funcionam como uma bússola orientadora para convergência à origem do problema, na forma do conflito emocional, mal resolvido ou não resolvido, que indica a causa raiz.

Um caminho para essa busca é a avaliação do funcionamento dos chakras e correspondentes correlações emocionais:

- Avaliação da linha central dos 7 chakras mais estudados e frequência vibracional quanto à normalidade, hipoatividade ou hiperatividade.

Após esses procedimentos, o operador da TQA já consegue desenhar um quadro, no qual a causa raiz pode ser identificada e isolada para a sua ressignificação, conseguida por meio da execução dos comandos de reprogramação da TQA.

CAPÍTULO 8
SINTOMAS FÍSICOS E SUAS CORRELAÇÕES EMOCIONAIS

A partir do momento em que iniciamos a investigação da causa ou causas raiz das travas e dos sofrimentos do ser humano na vida do partilhante, sempre nos deparamos com uma ou mais somatizações, que podem ser: físicas, mentais e espirituais.

Muitos autores que tratam a saúde do ser humano de maneira mais abrangente e holística concordam em afirmar que todas as doenças são reflexos biológicos de conflitos emocionais mal resolvidos ou não resolvidos pela pessoa.

Conforme o exposto anteriormente, as doenças e somatizações físicas para a TQA são indicativos importantes do que acontece no interior da pessoa. Isso demonstra que algo está errado do ponto de vista emocional.

As tabelas de chakras, anexas a este trabalho, mostram algumas correlações entre as emoções e as doenças. É aconselhável aprofundar-se nesse tema (chakras e corpos sutis) para sua evolução na TQA -Terapia Quântica Aplicada. Os conflitos emocionais, que geram problemas físicos e mentais, estão tabelados nos livros dos seguintes autores:

- Cristina Cairo – *Linguagem do corpo*;
- Louise Hay – *Cure o seu corpo*;
- Michael Odoul – *Diga-me onde dói e te direi o porquê*;
- Viana Stiball – *Doenças e desordens*;

- Ryke Geerd Hamer – *GNM Heilkunde.*

Para se aprofundar mais no tema, é necessário dedicação ao estudo das relações entre as doenças e as emoções. Todo desequilíbrio, problema de saúde física ou mental, em última análise, é resultado de um protocolo biológico, disparado pelo organismo, em resposta a um conflito emocional mal resolvido ou não resolvido.

Sendo assim, a partir do momento que se identifica a causa raiz desse conflito e é efetuada a sua ressignificação, é aberto o caminho para que o corpo da pessoa se autocure, até mesmo porque o corpo possui esses mecanismos ativos para se autocurar.

TERCEIRA PARTE

AS BASES ENERGÉTICAS DAS CAUSAS RAIZ NA TQA

CAPÍTULO 9
A MECÂNICA QUÂNTICA

"...Deus não joga dados com o Universo..."
Albert Einstein

9.1 Física Clássica vs. Física da Partícula

Antes de mais nada, vamos traçar rapidamente um paralelo entre a Física Clássica, estruturada em cima de um modelo materialista, e a Física da Partícula, regida pelos princípios da Mecânica Quântica, que funciona através da análise probabilística dos fenômenos.

Física vs. Metafísica

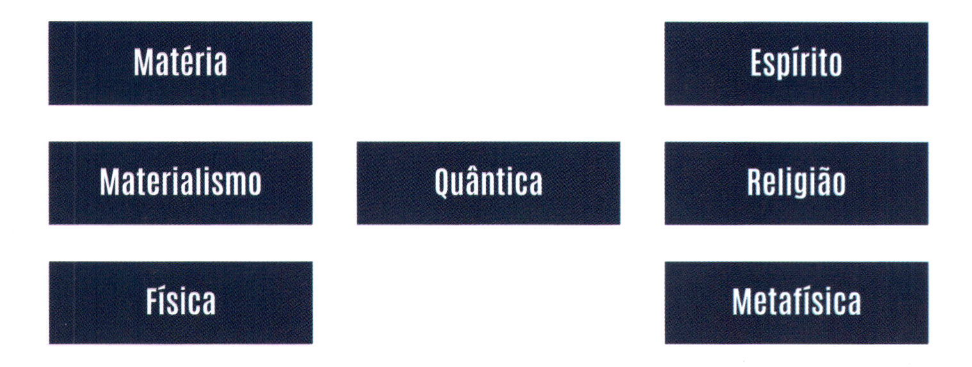

Figura 9.1 – Física vs. Metafísica.

Assim, vem a Física Clássica, que é baseada nas leis de Sir Isaac Newton.

1ª Lei de Newton - Princípio da Inércia

Todo corpo continua em seu estado de repouso ou de movimento uniforme em uma linha reta, a menos que seja forçado a mudar de estado por forças aplicadas sobre ele.

2ª Lei de Newton - Princípio Fundamental da Dinâmica

A mudança de movimento é proporcional à força motora empregada e é produzida na direção de linha reta na qual aquela força é aplicada.

3ª Lei de Newton - Princípio da Ação e Reação

A toda ação, há sempre uma reação oposta e de igual intensidade; as ações mútuas de dois corpos um sobre o outro são sempre iguais e dirigidas em sentidos opostos.

4ª Lei de Newton - Gravitação Universal

Todo corpo atrai outro corpo com uma força que, para qualquer dos dois corpos, é diretamente proporcional ao produto de suas massas e inversamente proporcional ao quadrado da distância que os separa.

A partir dessa premissa, advém a Física da Partícula (Mecânica Quântica), baseada, por sua vez, nos estudos de alguns pesquisadores como Max Planck, Niels Bohr, Werner Heisenberg, Max Born e Erwin Schrödinger que envolveram alguns elementos que transcendem do escopo da Física Clássica.

Desse modo, temos que a Física Quântica é a área do conhecimento que nasceu a partir do estudo do comportamento de partículas minúsculas chamadas subatômicas. Nesse sentido, a palavra quântica está relacionada com a menor quantidade de energia, ou seja, quantum de energia, capaz de alterar o estado de um elétron, mudando o seu orbital para um estado de energia imediatamente superior.

Hoje a mecânica quântica é a fronteira de conhecimento, pois é o estudo das partículas subatômicas e o seu comportamento dual, sendo matéria e onda eletromagnética ao mesmo tempo.

Antes de estudar os princípios da mecânica quântica, é importante detalharmos o átomo.

9.2 O Átomo, suas divisões e subdivisões

Quando se parte para a análise da estrutura da matéria, do ponto de vista microscópico, é possível observar uma partícula que é a base do Universo material, base da Tabela Periódica dos elementos químicos, ou seja, de tudo o que existe na natureza.

Essa partícula, mostrada na Figura 9.2.1, representa a estrutura de um átomo. Pode-se observar que essa estrutura é formada por um núcleo central composto por prótons, nêutrons e por uma eletrosfera. Na eletrosfera, percebe-se que os elétrons orbitam em torno do núcleo. Temos, pois, que a estrutura atômica é composta pelas seguintes subpartículas:

- Prótons – com carga positiva;
- Nêutrons – com carga neutra;
- Elétrons – com carga negativa.

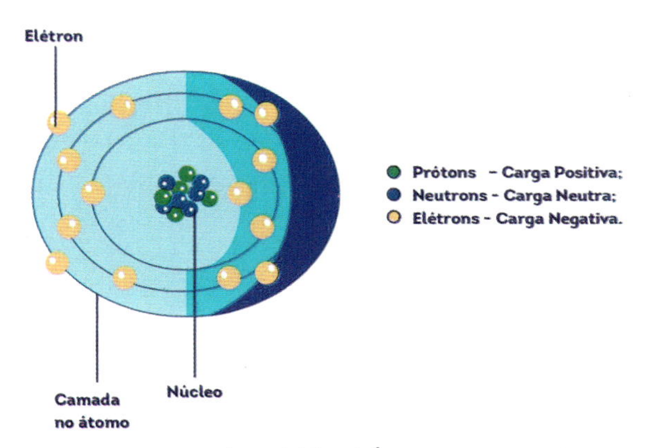

Figura 9.2.1 – O Átomo.

Cada próton e nêutron é formado por três quarks (a partir daqui começam as partículas subatômicas). O quark é formado pela união de subpartículas chamadas Bóson de Higgs, conforme mostra a Figura 9.2.2, a seguir.

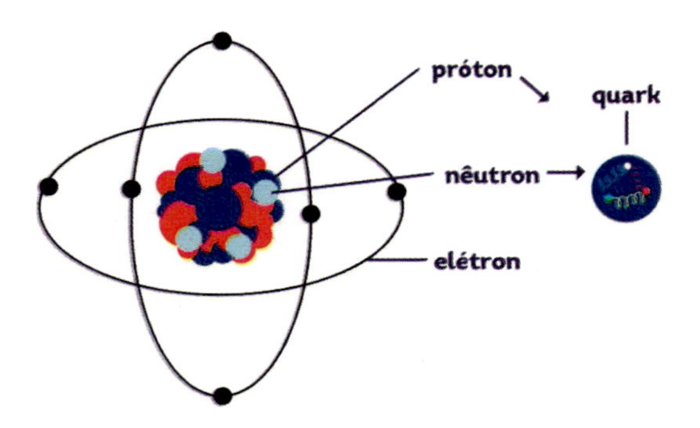

Figura 9.2.2 – Os Quarks.

Brian Greene, na sua obra *O Universo Elegante*, descreve uma representação de uma Modelagem Matemática da Onda correspondente ao Bóson de Higgs, que foi chamada por ele de A Supercorda, de maneira que, metaforicamente falando, essa seria a face de Deus à luz da Mecânica Quântica.

Agora que já conhecemos o átomo e suas partes, fica mais fácil entender os princípios da Mecânica Quântica e como funcionam.

Dualidade Matéria x Onda

A partícula subatômica pode se comportar ora como partícula de matéria ou como onda eletromagnética.

Teoria Geral da Relatividade

Essa teoria é baseada nos estudos de Albert Einstein e é onde acontece uma ruptura importante para o desenvolvimento da mecânica quântica. Einstein estabeleceu que a velocidade da luz seria absoluta, também estabeleceu a dualidade matéria versus energia. Ele ainda expressou sua teoria com a fórmula matemática onde E é energia, M é a massa e C é a velocidade da luz:

$$\mathbf{E = M \times C^2}$$

Princípio da Incerteza

Um elétron pode, a um determinado instante, ser encontrado em qualquer ponto de seu orbital.

Salto Quântico de Energia

No momento em que se fornece energia para um elétron, esse começa a saltar de seus orbitais até o momento em que escapa da eletrosfera na forma de luz, ou seja, realiza o salto quântico.

O Emaranhamento Quântico

Quando se emparelham duas subpartículas, elas se emaranham, ou seja, qualquer alteração que uma sofre, a outra também sofre, mesmo que estejam a distâncias muito longas. Essa comunicação é instantânea e dá-se por meio de uma comunicação não local.

9.3 O Universo à Luz da Mecânica Quântica

À luz da Mecânica Quântica, existe uma onda de grau máximo de consciência de altíssima energia e frequência vibracional, de onde se emanam conjuntos de ondas com decaimento de frequência vibracional e energética, formando a partir daí:

- Todos os Universos (Universos Paralelos), incluindo aí, o nosso;
- Todas as Realidades Alternativas, Dimensões e Planos Existenciais;
- A nossa realidade "Material", na verdade, é simplesmente energia condensada e percebida no formato de três dimensões pelos nossos sentidos, que percebem a realidade na forma que é.

Pelo ponto de vista metafísico, o Vácuo Quântico contém tudo o que É, incluindo cada um de nós, ou seja, nós fazemos parte dele e somos o próprio Vácuo Quântico.

O Vácuo Quântico é onde toda a informação do Multiverso está contida em qualquer átomo existente, pois ele é, na sua essência, um conjunto de ondas de altíssima vibração frequencial e de pura energia, ou seja, nós contemos toda a informação do Todo Universal e esse conjunto de informações está contida em nossos átomos e no conjunto de ondas que é a nossa consciência.

9.4 Os Principais Experimentos de Mecânica Quântica - Percepções

Ao longo da história recente, alguns físicos, na busca pela verdade e, às vezes, correndo o risco de se exporem ao ridículo e ao descrédito profissional, esforçaram-se na tentativa de experimentar na prática alguns conceitos até então puramente teóricos. Alguns desses experimentos foram:

O Princípio de Heisenberg

O elétron, em um dado instante, pode ser encontrado em qualquer ponto de seu orbital.

O Experimento da Dupla Fenda

Demonstra o comportamento dual do elétron na forma de se comportar ora como partícula, ora como onda.

O Colapso da Função de Onda

Demonstra o efeito do observador no experimento da dupla fenda.

O Efeito Túnel

Demonstra o teletransporte da partícula de um local a outro, por meio de outra dimensão, a partir do seu ganho de energia.

O Emaranhamento Quântico

Demonstra a comunicação instantânea entre duas partículas que foram emaranhadas e colocadas a distâncias muito grandes. O princípio da comunicação por uma dimensão não local.

O Efeito Casimir

Demonstra que duas estruturas atômicas se atraem devido ao seu emaranhamento quântico.

O Efeito Turing ou Zenon (Zenão)

É o efeito que ocorre quando o observador vê uma onda, de maneira constante, paralisando a sua vibração.

O Efeito Zeeman

Demonstra o efeito de um campo eletromagnético sobre uma onda eletromagnética.

O Efeito Stark

Demonstra o efeito de um campo elétrico sobre uma onda eletromagnética.

CAPÍTULO 10
CORRELAÇÕES QUÂNTICAS E A CONSCIÊNCIA HUMANA

"Se você deseja encontrar os segredos do universo, pense nos termos de energia, frequência e vibração!"
Nikola Tesla

10.1 A Fonte da Criação

À luz da Mecânica Quântica, a "Fonte da Criação" é uma onda consciente de energia e informação de elevadíssima vibração que engloba tudo o que É, incluindo todos os Universos, todas as Dimensões e Realidades Alternativas. Alguns cientistas e pesquisadores da Mecânica Quântica deram o nome de Vácuo Quântico a esta onda primordial. Desta maneira, Tudo O que É foi emanado dessa fonte original, a partir do decaimento frequencial e de energia do Vácuo Quântico, passando por todas as dimensões superiores e chegando à nossa, uma vez que o aparelho sensorial humano, foi preparado e desenvolvido para perceber a realidade na forma tridimensional e de maneira relativista.

O Vácuo Quântico contém Tudo o que É, incluindo cada um de nós, pois somos todos o próprio Vácuo Quântico. Toda a informação do Multiverso está, portanto, contida em qualquer átomo existente, sendo em sua essência, um conjunto de ondas de altíssima vibração frequencial e de pura energia. Essas informações estão em nossa estrutura atômica e no conjunto harmônico de ondas, que é a nossa consciência.

Ao trazermos os princípios da Mecânica Quântica para a TQA, podemos observar alguns importantes elementos expostos a seguir:

- Somos todos UM pelo princípio do emaranhamento quântico;
- Atuamos como cocriadores com o Todo Universal para podermos nos auxiliarmos;
- Toda a informação de Tudo O que É está disponível em nós mesmos para acesso e uso, conforme o grau de expansão de nossa consciência, de maneira que todos os males e doenças que nos acometem são criados por nós mesmos, frutos de desequilíbrios e conflitos emocionais, disparados a partir da ação conflituosa de nossos EGOS, o que já foi mostrado no Capítulo 6, durante o processo alquímico da *Calcinatio*.

10.2 A Quântica e a Consciência Humana

Uma vez que o ser humano é composto por um conjunto de ondas de informação formando a sua consciência, é importante analisarmos algumas correlações do mundo quântico.

Para melhor entender, vamos relacionar os efeitos e comportamentos desse universo, seus impactos para a consciência humana e suas reverberações.

Princípio da Incerteza de Heisenberg

Este princípio é associado à existência das infinitas realidades alternativas que todos nós possuímos em nossas existências.

O experimento da Dupla Fenda

Demonstra o comportamento dual do pensamento e sentimento humanos, assim como da forma pensamento do ser humano, do momento em que ele manifesta o objeto de sua cocriação até ocorrer o colapso da função da onda manifestada e sua correspondente materialização neste plano físico.

O Colapso da Função de Onda

Trata-se do efeito da cocriação pela pessoa da sua realidade com o Universo.

O Efeito Túnel

Demonstrado quando se é executado um comando de reprogramação substituindo um sentimento ou crença por alguma outra.

O Efeito Casimir

Verificado quando duas consciências que estão emaranhadas se atraem e se encontram.

O Emaranhamento Quântico

- Relacionamento de pai, mãe e filhos;
- Homicídios e estupros;
- Relações sexuais;
- Envio de energia a distância.

O Efeito Turing ou Zenon (Zenão)

É o efeito que ocorre quando a pessoa busca manifestar algo em sua vida, no entanto a obsessão contínua pelo objetivo, atrasa o alcance do resultado e o correspondente colapso da função de onda.

O Efeito Zeeman

Mostra o efeito de um campo eletromagnético produzido por um pensamento sobre outro campo eletromagnético oriundo de um outro pensamento.

O Efeito Stark

Demonstra o efeito de um campo elétrico produzido pelo sentimento de alguém sobre uma onda eletromagnética produzida pelo pensamento de outra pessoa.

A Ponte de Einstein Rosen

Demonstra o efeito da transferência de energia de um ponto a outro por Universo não local, por meio de abertura de portal multidimensional:

- Ruptura do espaço/tempo;
- Execução de comandos a distância;

- Envio de energia a distância.

Esses efeitos são observados em maior ou menor grau no momento em que ocorrem as interações humanas, ou mesmo no instante em que as práticas terapêuticas complementares e holísticas são efetuadas, de maneira que é possível verificar o seu efeito e seus resultados, a partir do comportamento das pessoas após o atendimento terapêutico.

CAPÍTULO 11
AS MENTES E CORPOS DO SER HUMANO

11.1 As Mentes do Ser Humano

O ser humano possui na composição da sua consciência Três Mentes, sendo elas:

- A Mente Superconsciente (Eu Superior ou Centelha Divina);
- A Mente Consciente (Lógica, Raciocínio Cognitivo e Tomada de Decisão);
- A Mente Inconsciente (Chave de Acesso de Lembranças, Sentimentos, Emoções e Experiências).

Essas mentes são como programas de computador, que funcionam nas nuvens da rede de internet. Sua conexão com o cérebro ocorre de forma instantânea e por meio de contato via Universo não local, isto é, via ligação interdimensional. Logo, nenhuma das três mentes estão diretamente hospedadas no cérebro humano, mas, sim, em uma espécie de onda portadora energética, de energia muito superior e de frequências altíssimas. Isso pode ser comprovado, quando analisamos o fato de nossa consciência continuar viva quando nosso corpo desaparece.

É importante lembrar que a nossa mente inconsciente está ligada ao nosso EGO, que opera a partir da 5ª dimensão, onde está ancorado. O EGO, por sua vez, é formado pelos Corpos Astral, Mental Inferior (Mental) e Mental Superior (Causal).

A nossa mente consciente - gestora de todo esse processamento integrado - opera e está ancorada na 6ª dimensão, conectada às outras duas mentes: a superconsciente e a inconsciente.

Por último, temos a mente superconsciente, que está diretamente ligada ao nosso corpo da consciência e à nossa centelha divina, o nosso Eu Superior, que está ancorada e opera no limiar superior da 6ª dimensão.

11.2 Os Corpos do Ser Humano

A consciência humana utiliza-se de um veículo multidimensional para viver a sua experiência no Planeta Escola que, além de suas três mentes, possui um conjunto de corpos descritos como sendo quatro corpos que se subdividem em outros sete, sendo eles:

- **Corpo Físico (3ª Dimensão) e Duplo Etérico/Vital (4ª Dimensão);**

O corpo físico encontra-se na 3ª dimensão e possui outro corpo agregado a ele de maneira simbiótica - o Duplo Etérico, corpo vital ou corpo energético que está localizado na 4ª dimensão. Esse corpo energético, por sua vez, é que dá origem ao corpo físico, e não ao contrário. O corpo vital é a matriz energética responsável por dar forma, orientação e sustentação para o corpo físico. Representa uma espécie de ponte entre o corpo físico e o astral.

Não podemos deixar de ressaltar que o fluido vital circula pelo Duplo Etérico até chegar nas células. Se esse processo é interrompido, cessado, o ser humano desencarna, pois não há sustentação da vida. Nas medicinas orientais existe uma grande preocupação em tratar desse corpo, pois é neste corpo que os desequilíbrios energéticos estagnam-se e causam doenças. Dessa forma, ao se tratar o Duplo Etérico, consegue-se ter efeito no corpo físico.

- **Corpo Emocional ou Astral (5ª Dimensão);**

O corpo emocional ou astral registra todas as emoções percebidas e sentidas pelo ser humano desde a sua concepção até a sua passagem para o Plano Superior.

- **Corpo Mental Inferior (5ª Dimensão) e Mental Superior ou Causal (6ª Dimensão);**

O corpo mental inferior registra todas as referências cognitivas, tudo aquilo o que é necessário para que a mente consciente possa identificar, entender, avaliar e realizar alguma tomada de decisão ou posicionamento. O corpo mental superior, ou causal, registra todo o curso de ações do ser humano, na forma de decisões, escolhas, atos ou omissões, desde o momento de sua concepção até a sua passagem para o Plano Superior.

- **Corpo Búdico (6ª Dimensão) e Corpo Átmico/Monádico (7ª Dimensão).**

O corpo búdico registra todas as nossas referências conscienciais, morais e intuitivas, a partir de três estruturas que o compõem: a alma consciencial, aquela correspondente a quem nós somos; a alma moral, responsável pelo nosso comportamento e a alma intuitiva que é o Eu Superior ou a própria centelha divina do ser humano. Já o corpo Átmico, é subdividido em monádico e logóico. Registra todas as informações ao longo da trajetória da consciência, desde o momento em que é gerado pela mônada, sendo essa a morada do espírito.

Na Figura 11.1.1 é apresentada uma representação gráfica da estrutura de corpos do ser humano.

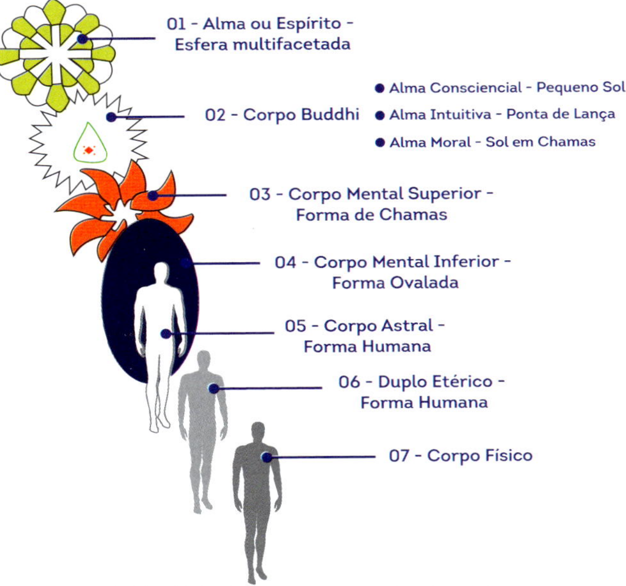

Figura 11.1.1 – O Conjunto de Corpos do Ser Humano.

O equilíbrio entre mentes e corpos do ser humano caracteriza-se pela perfeita homeostase, tendência dos sistemas biológicos, fisiológicos, mentais, emocionais e espirituais, buscarem a integração entre si de maneira harmônica.

Nesse caso, a energia flui em um processo contínuo, para dentro e para fora do sistema corpóreo, sendo concentrada e modulada a partir dos chakras e distribuída pelos meridianos.

Quaisquer desequilíbrios entre as mentes e os corpos dos indivíduos, provocam falhas nesses fluxos energéticos, causando rupturas desses canais por represamento ou escassez de energias. Por essa razão, tais desajustes energéticos provocam doenças físicas, emocionais, mentais e, por vezes, espirituais.

CAPÍTULO 12
ANATOMIA SUTIL DO SER HUMANO

12.1 O Fluido Vital, O Chi

Quando se estuda os diversos manuais de saúde oriental, verifica-se em alguns manuscritos que existe uma energia sutil de alta vibração que se distribui por todo o corpo em um padrão vibracional que não é percebido pelos cinco sentidos e é responsável pelo suporte à vida no ser humano.

Essa energia tem diferentes nomes a depender da região do mundo onde é estudada. Veja:

- No Japão – é chamada de "Ki";
- Na China – é chamada de "Chi";
- Na Índia – é chamada de "Prana";
- No Ocidente – é chamada de fluído vital, ectoplasma ou energia biocósmica.

A referida energia é produzida a partir do decaimento vibracional do Vácuo Quântico até atingir o ponto de ser suportável à sua utilização para sustentação energética e vital do corpo físico/duplo etérico do ser humano.

É importante destacar que esse quantum (unidade) de energia vital é transferido ao ser humano no momento de sua concepção. Em um momento posterior, é renovado e reposto ao longo da vida, por meio do funcionamento do seu chakra sexual. Essa energia é armazenada para utilização a partir do seu chakra do plexo solar.

Essa energia vital é distribuída a partir de centros energéticos chamados chakras. Circula em canais energéticos chamados meridianos ou "nadis"[1] , que conformam uma grande rede de energia que cobre todo o corpo vital do ser humano (Figura 12.1.1)

Quando a pessoa está em perfeito equilíbrio com suas mentes (superconsciente, consciente, inconsciente) e com seus corpos (físico, mental, emocional e espiritual), tem-se o que é chamado de homeostase. A energia vital flui, portanto, pelos seus meridianos e chakras de maneira harmônica e perfeita, ou seja, o ser humano tem a saúde ideal.

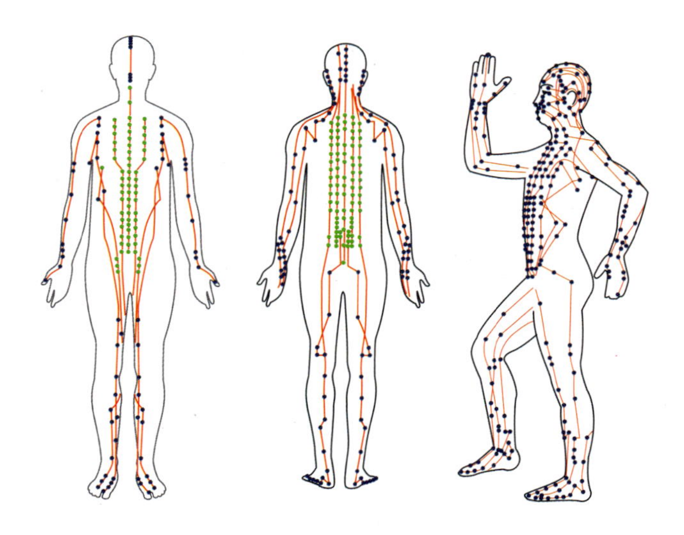

Figura 12.1.1 – Pontos de Acupuntura no Ser Humano.

Essa energia flui igualmente pelo corpo vital do ser humano, sob a influência de alguns outros elementos que trataremos a seguir, no próximo tópico.

12.2 A Energia Vital no Ser Humano

Em um primeiro momento, ao se analisar a energia vital do ser humano, deve-se considerar as questões de lateralidade corpórea, que são influenciadas pelas simbologias paterna e materna, conforme demonstrado na Figura 12.2.1.

1 Nādīs (नाडी, em sânscrito) são os canais pelos quais circula a força vital no corpo sutil.

Antes do nascimento		Depois do nascimento	
	Formação do corpo	Traumatismos, doenças e sintomas	Estados Alfa, premonições e sonhos
Lado direito do corpo	Simbologia paterna	Simbologia materna	Simbologia paterna
Lado esquerdo do corpo	Simbologia materna	Simbologia paterna	Simbologia materna

Figura 12.2.1 – Simbologias Paterna e Materna.

Outro fator que é muito importante ser levado em consideração é o conjunto de elementos que envolve a simbologia dos cinco princípios, representados na Figura 12.2.2.

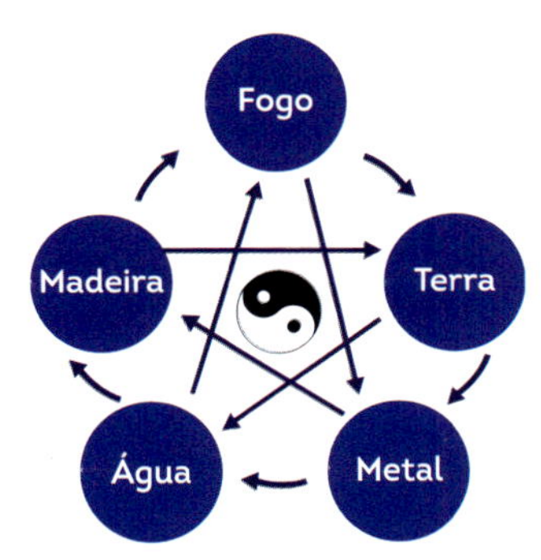

Figura 12.2.2 – Os Cinco Princípios.

Do ponto de vista da geração, a madeira, por meio de sua queima, provoca o fogo que naturalmente resulta em terra que, em razão de sua extração, transforma-se em metal que, ao se oxidar, converte-se em água e, assim, dá início a um novo ciclo.

Dessa sorte, temos que, sob a ótica do controle e da dominância, a madeira controla a terra, que controla a água, que controla o fogo, que controla o metal, que controla a madeira e assim consecutivamente.

O primeiro elemento é o fogo

A cor relacionada a ele é a cor vermelha. O sabor é o amargo. Refere-se também ao verão e à Lua cheia. Está relacionado ao coração e ao intestino delgado. A emoção é a alegria.

Quando em equilíbrio, confere-nos a motivação e o encantamento pela vida. Em desequilíbrio, leva-nos a euforia e a excitação excessiva. Entre os sintomas físicos, podemos citar: esquecimento e insônia.

O segundo elemento é a madeira

Sua cor é verde. O sabor é azedo. A primavera é a estação do ano e a fase da Lua é a crescente. Está relacionado ao fígado e à vesícula biliar. A emoção é a raiva. Em harmonia, é o que nos coloca em movimento e nos impulsiona. Representa, no entanto, a agressividade quando está em desarmonia. Exemplos de sintomas físicos: gastrite, dor de cabeça.

O terceiro elemento é a terra

Amarelo é a cor e doce é o sabor. É importante ressaltar que o elemento terra é de transição, também refere-se ao período entre as estações do ano e as fases da Lua. Relaciona-se também com os seguintes órgãos do corpo: estômago, baço e pâncreas. A emoção é a preocupação. O equilíbrio desse elemento dá-nos clareza de pensamento, capacidade de decisão. É, pois, o centramento. Quando em desequilíbrio, causa pensamentos repetitivos ou acelerados. Dentre os sintomas físicos, encontramos a falta de apetite.

O quarto elemento é o metal

O branco e o azul são suas cores relacionadas, e o sabor é picante. O outono é a estação do ano, e minguante é a fase da Lua. Está relacionado com o pulmão e o intestino grosso. A emoção é a tristeza. É o momento de fechar os ciclos, luto, recolhimento, o retorno para dentro. Quando em desarmonia, pode causar depressão e falta de perspectiva na vida. A falta de ar é um dos sintomas físicos.

O quinto elemento é a água

Aqui as cores são preto e azul. O sabor é o salgado. Está relacionado também com o inverno e a fase da Lua é nova. Relaciona-se com os órgãos rins e bexiga. A emoção é o medo.

Essa emoção é aquela que protege a vida. É o instinto de sobrevivência. Em desarmonia, o medo tira-nos a capacidade de pensamento, já que elimina a ideia de movimento que o elemento água tem. Falta de vontade e desânimo também são indicações do desequilíbrio. Dentre os sintomas físicos, podemos citar: cálculos renais, queda de libido, problemas na medula óssea tornando também os dentes e ossos fragilizados.

Para melhor entendimento do tema, a Figura 12.2.3 trata dessas diversas correlações entre esses princípios e as questões fisiológicas do corpo humano.

Princípio	Madeira	Fogo	Terra	Metal	Água
Direção cardinal	Leste	Sul	Centro	Oeste	Norte
Energia sazonal	Primavera	Verão	Fim de estação	Outono	Inverno
Energia climática	Vento	Calor	Umidade	Seca	Frio
Energia diária	Manhã	Meio-dia	Tarde	Noite	Madrugada
Energia das cores	Verde	Vermelho	Amarelo	Branco	Preto
Sabores alimentares	Ácido, azedo	Amargo	Doce açucarado	Picante	Salgado
Momento vital forte	Nascimento	Juventude	Maturidade	Velhice	Morte
Plano orgânico	Fígado	Coração	Baço e pâncreas	Pulmão	Rins
Plano visceral	Vesícula biliar	Intestino delgado	Estômago	Intestino grosso	Bexiga
Plano fisiológico geral	Olhos, músculos	Língua, vasos sanguíneos	Carne, tecidos conjuntivos	Pele, nariz, sistema piloso	Ossos, medula, orelhas
Órgãos dos sentidos	Visão	Fala	Paladar	Olfato	Audição
Tipo de secreção	Lágrimas	Suor	Saliva	Mucosas	Urina
Sintomatologia fisiológica	Unhas	Tez	Lábios	Pelos	Cabelos
Tipologia psíquica	Percepção, animação, criação	Inteligência, paixão, consciência	Pensamento, memória, razão, realismo	Voluntarismo, rigor, ação, coisas	Severidade, vontade, fecundidade, decisão
Tipologia energética	Mobilização, exteriorização	Superfície	Repartição	Interiorização	Concentração
Psicologia passional	Suscetibilidade, cólera	Alegria, prazer, violência	Reflexão, preocupação	Tristeza, desgosto, solicitude	Angústias, medos
Psicologia virtuosa	Harmonia	Brilho, ostentação	Circunspecção, penetração	Clareza, integridade, pureza	Rigor severidade
Psicologia qualitativa	Elegância, beleza	Prosperidade	Abundância	Firmeza, sentido das realizações	Capacidade de escuta
Número astrologia chinesa	3 e 8	2 e 7	0 e 5	4 e 9	1 e 6
Planeta associado	Júpiter	Marte	Saturno	Vênus	Mercúrio

Figura 12.2.3 – Os Cinco Princípios e a Natureza e do Ser Humano.

Além desses princípios aliados às correlações, existem ainda algumas energias vitais que fluem no ritmo desses elementos e que estão caracterizadas na Figura 12.2.4.

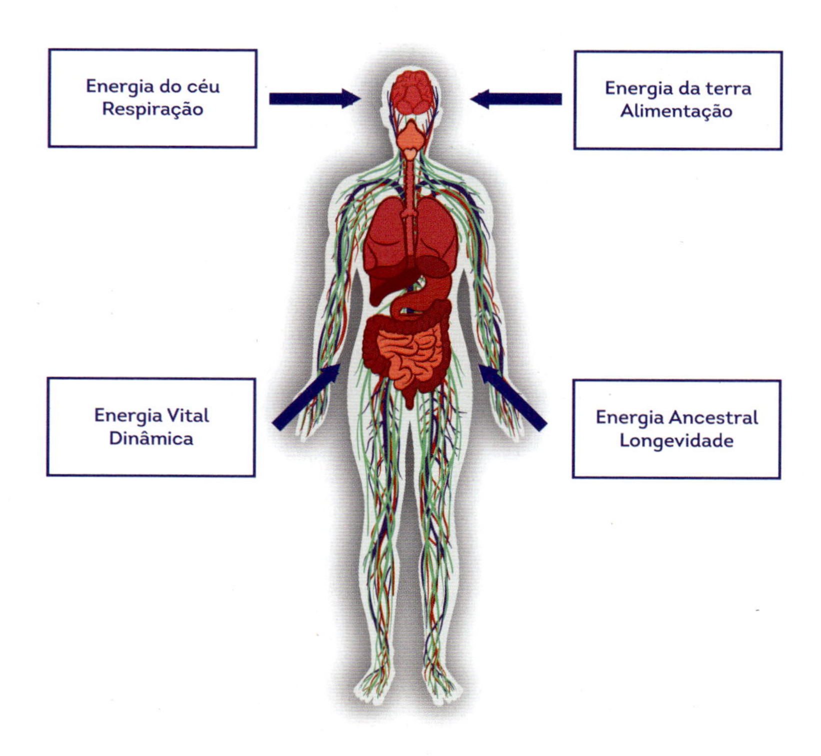

Figura 12.2.4 – As Energias que Existem em Nós.

Para completar esse conjunto de elementos, é possível observar ainda que todas as relações obedecem a um ciclo circadiano no corpo humano ao longo de um período completo de 24 horas.

Para entendermos melhor o ciclo de tempo e seus encadeamentos, veja a Figura 12.2.5. É importante ressaltar que essa abordagem é trabalhada pelo autor Michael Odoul na sua obra Diga-me Onde Dói e Te Direi Por quê, onde ele inclusive adiciona as figuras do "mestre do coração" e do "triplo aquecedor" como sendo órgãos do corpo humano que, na verdade, são camadas protetoras do coração.

Ciclo de circulação da energia vital			
Órgão	Elemento	Dualidade	Ciclo de tempo
Pulmões	Metal	Yin	Das 3 às 5 horas (hora solar)
Intestino grosso	Metal	Yang	Das 5 às 7 horas (hora solar)
Estômago	Terra	Yang	Das 7 às 9 horas (hora solar)
Baço, pâncreas	Terra	Yin	Das 9 às 11 horas (hora solar)
Coração	Fogo	Yin	Das 11 às 13 horas (hora solar)
Intestino delgado	Fogo	Yang	Das 13 às 15 horas (hora solar)
Bexiga	Água	Yang	Das 15 às 17 horas (hora solar)
Rins	Água	Yin	Das 17 às 19 horas (hora solar)
Mestre do coração	Fogo	Yin	Das 19 às 21 horas (hora solar)
Triplo aquecedor	Fogo	Yang	Das 21 às 23 horas (hora solar)
Vesícula biliar	Madeira	Yang	Das 23 à 1 hora (hora solar)
Fígado	Madeira	Yin	Da 1 às 3 horas (hora solar)

Figura 12.2.5 – O Ciclo de Circulação da Energia Vital no Corpo Vital do Ser Humano.

Cabe aqui destacar a importância de se estudar o funcionamento da glândula pineal no organismo humano. Este órgão é muito importante para as questões metafísicas que tratamos nesse livro.

A glândula pineal é uma estrutura do corpo humano extremamente delicada e sensível, pois além de regular o ciclo circadiano (dia e noite) do corpo, também é um elemento sensorial. Em sua composição existem diversos elementos químicos, tais como: fosfato de cálcio, carbonato de cálcio, fosfato de magnésio, fosfato de amônia e calcita.

Ela é extremamente sensível à radiação eletromagnética. Responde diuturnamente à frequência vibracional do Planeta, bem como à Frequência de Ressonância Schumann que, até poucos anos atrás, era de aproximadamente 7,84 Hz, algo bem próximo do que seria o estado alfa de consciência.

A Glândula Pineal

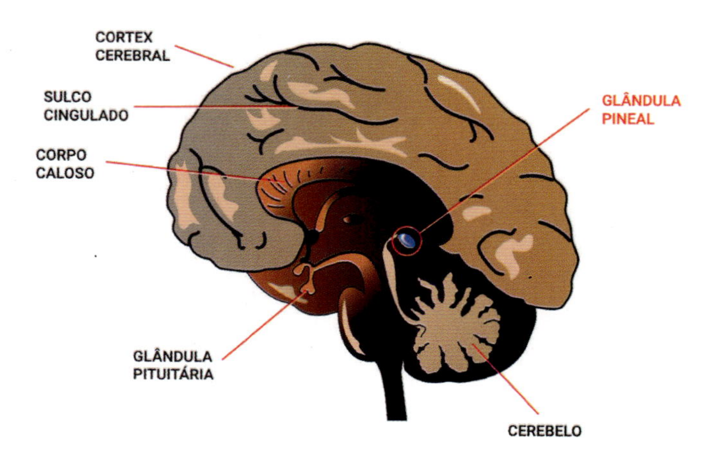

Figura 12.2.6 – A Glândula Pineal.

Dessa maneira, no processamento das energias sutis, a glândula pineal ou Epífise, assim como, a glândula pituitária ou hipófise, possuem um papel muito importante, uma vez que, a partir do seu desenvolvimento, é possível ao ser humano desenvolver algumas habilidades chamadas extrassensoriais ou "psi", sendo elas:

- Telepatia;
- Telecinese;
- Teletransporte;
- Visão remota;
- Clarividência;
- Clariaudiência;
- Projeção do corpo astral;
- Projeção da consciência.

Algumas formas de terapia energética, tais como: Radiestesia, Reiki, Constelações Familiares, Apometria Quântica, Barras de Access e o Thetahealing, operam nas suas práticas pelo acesso aos registros Akáshicos dos seus partilhantes. Registros esses que, segundo Ervin László, se encontram em "(...) um campo cósmico que interliga tudo nas raízes da realidade, que conserva e transmite informação". É possível observar, nesse sentido, que algumas consciências experimentaram de maneira intensa o acesso ao "akasha", sendo algumas delas Albert Einstein, Galileu Galilei, Nikola Tesla, Beethoven, etc.

A estrutura de DNA do ser humano está correlacionada ao acesso ao "akasha" – espaço sutil onde estão armazenados todos os conhecimentos e feitos humanos – e intimamente ligada ao fluxo das energias sutis. Esse sistema funciona como uma antena multidirecional, tanto para a captação e canalização, como para emissão e canalização dessas energias. Isso pode ser observado, principalmente, nos seguintes elementos:

- O emaranhamento quântico e troca atômica (fragmentos de almas) entre parceiros nas relações sexuais.
- O emaranhamento quântico ocorre entre as consciências que interagiram em uma determinada existência e se encontram novamente em outra existência, estabelecendo conexões entre suas janelas reencarnatórias.
- O emaranhamento quântico gerado pelo sistema familiar entre patriarcas, descendentes, ascendentes e parentes de maneira geral.

Vale ainda reforçar que uma das características e das propriedades da energia sutil é a sua ação a distância, independentemente da ação ser realizada a alguns centímetros ou a milhares de quilômetros da fonte de ação. É possível observar esse comportamento pelo trabalho das pessoas que manipulam a energia sutil, operando o direcionamento da ação a distância. Essas pessoas são comumente chamadas de médiuns, videntes, sensores remotos, sensitivos, entre outros nomes. Alguns exemplos disso são:

- Cirurgias espirituais realizadas a longas distâncias, em que a pessoa em tratamento, está muitas vezes a milhares de quilômetros da corrente mediúnica;

- Envio energético e cirurgias energéticas realizadas a distância, em que o partilhante, da mesma maneira, está a vários quilômetros de distância do operador de Reiki;
- Análise, ações e comandos radiestésicos em que o radiestesista está distante do partilhante e utiliza o testemunho lexical (algo que relaciona ou referencia o objeto em análise podendo ser uma foto, um pertence ou nome completo e data de nascimento);
- Comandos de reprogramação realizados a distância por algumas terapias, tais como: TQA, PNL, Barras de Access e Thetahealing;
- Correntes de oração em que as pessoas que são objeto da intenção estão a distância do local onde está ocorrendo a oração;
- Trabalhos de magia e alta magia.

Tudo isso funciona com base nos princípios do Entrelaçamento, assim como do emaranhamento quântico e do colapso da função de onda de Schrödinger. A energia é transferida por meio de Universo não local e como alguns cientistas preconizam, por meio de um "Buraco de Minhoca", também chamado no meio acadêmico de "Ponte de Einstein Rosen".

Esse é o mesmo princípio pelo qual funcionam as viagens astrais e também as projeções da consciência. A Figura 12.2.7 apresenta uma representação da singularidade espaço-tempo que produz essa propriedade de envio da energia a distância.

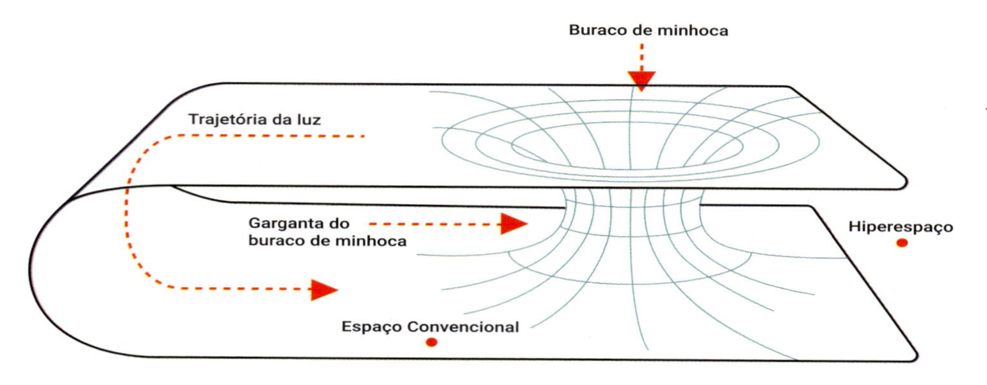

Figura 12.2.7 – Ilustração da Ponte de Einstein Rosen.

É muito importante destacar que a estrutura de DNA não habita somente o corpo físico, pois também está presente em todos os corpos sutis. Isso permite que o fluxo das energias sutis de maneira inconsciente ou consciente, rompa o espaço-tempo por meio de um Universo não local.

Assim, para entendermos melhor a comunicação dos corpos do ser humano com tudo que existe, é importante estudarmos outro conjunto de estruturas da anatomia sutil do ser humano – a linha de chakras e suas características.

CAPÍTULO 13
OS CHAKRAS E A ENERGIA VITAL

13.1 O que são os Chakras

Se compararmos a energia sutil gerada pelo Vácuo Quântico com a energia gerada por uma usina hidroelétrica, podemos verificar que, se conectarmos qualquer aparelho eletrodoméstico diretamente à linha de transmissão, com certeza destruiríamos este aparelho, porque a voltagem que o aparelho suporta é infinitamente menor do que a energia que está presente na linha de transmissão.

Dessa maneira, a intensidade da energia do Vácuo Quântico, devido à sua vibração elevadíssima, é incompatível para o uso do ser humano, já que ela passa por uma mudança de frequência e intensidade de energia. A referida energia reduz até chegar ao nível do "chi" para que essa energia possa fluir em nossos corpos duplo etéricos.

Quando no processo evolutivo, expandimos a nossa consciência, nossa frequência vibracional cresce e, consequentemente, há a geração de luz em termos sutis.

Entretanto, se por qualquer motivo, somos levados à involução ou à paralisação do processo de expansão de nossa consciência, há o decaimento da nossa vibração. Como consequência temos a geração de antimatéria para anulação da luz produzida anteriormente, bem como o acúmulo no campo vibracional da pessoa (miasmas, conforme algumas doutrinas se referem). Por essa razão, tem-se as somatizações negativas e doenças físicas, mentais, emocionais e espirituais.

Conforme exposto anteriormente, essa energia vital circula a partir da sua concentração em alguns centros de energia, também chamados de chakras e distribuída pelos diversos meridianos que canalizam e distribuem essa energia pelo corpo vital a todo instante.

Existem vários centros de energia espalhados pelos nossos corpos sutis, chamados de chakras, sendo 22 os chakras principais. Desses 22, os mais estudados são os 7 citados a seguir:

- Chakra básico;
- Chakra sexual;
- Chakra plexo solar;
- Chakra cardíaco;
- Chakra laríngeo;
- Chakra frontal;
- Chakra coronário.

Aqui é importante destacar que, alguns desses centros de energia, chakras, são interligados entre si:

- Os chakras básico e frontal são interligados diretamente;
- Os chakras sexual e laríngeo são interligados diretamente;
- Os chakras plexo solar e cardíaco são interligados diretamente.

A Figura 13.1.1 é a representação gráfica da posição dos 7 chakras mais estudados no corpo humano.

Os chakras do ser humano (potencializações e bloqueios)

POTENCIALIZADO POR:		BLOQUEADO POR:
Energia cósmica	7	Apegos do ego
Intuição	6	Ilusão
Verdade	5	Mentira
Amor	4	Angústia
Força de vontade	3	Raiva
Prazer	2	Remorso
Sobrevivência	1	Medo

Figura 13.1.1 – Os Chakras do Ser Humano.

Os chakras estão relacionados aos mais diversos aspectos da vida humana (sistemas corpóreos, mentais, emocionais e espirituais), assim como, aos diversos corpos da pessoa, visando a construir um resumo dessas relações. É mostrado logo a seguir, de uma maneira resumida, todas estas combinações:

Tabela de Chakras							
Nome (sânscrito)	Muladhara	Svadhis-thana	Manipura	Anahata	Vishuda	Ajna	Sahasrara
Significado	Suporte	Morada do prazer	Cidades das joias	Invicto	Purificador	O centro do comando	Lótus das mil pétalas
Localização	Base da espinha	Umbigo	Baço	Coração	Garganta	Testa	Topo da cabeça
Cor	Vermelho	Laranja	Amarelo	Verde e rosa	Azul claro	Índigo	Violeta e branco
Mantra	Lam	Vam	Ram	Yam	Ham	Om	Aum
Corpo	Físico/vital	Astral	Mental	Causal	Búdico	Átmico	Monádico
Elemento	Terra	Água	Fogo	Ar	Éter	Todos	Todos
Planeta	Marte	Lua	Sol	Vênus	Mercúrio	Saturno	Júpiter
Cristais	Rubi	Coral	Âmbar	Esmeralda	Turquesa	Lápis-lazúli	Ametista
Forças instintivas	Dor/prazer	Domina-ção/sub-missão	Inteligên-cia/estu-pidez	Certo/errado	Euforia	Criativi-dade	Evolução
Bloqueios	Medo	Culpa	Vergonha	Perda	Mentiras	Ilusão	Ligação terrena
Sistema endócrino	Supra renais	Glândulas sexuais	Pâncreas	Timo	Tireoide	Pituitária	Pineal
Dia da semana	Terça-feira	Segunda-feira	Domingo	Sexta-feira	Quarta-feira	Sábado	Quinta-feira
Pecados capitais	Preguiça	Luxúria	Ira	Inveja	Gula	Avareza	Orgulho

Figura 13.1.2 – Os Chakras e Suas Correlações.

Correlações entre os chakras e os corpos sutis								
Item	Igreja	Chakra	Corpo	Dimensão	Vetor	Potencia-lização (+)	Potencia-lização (–)	Acesso (Hz)
1	Laodicéia	Coronário	Monádico	7ª	Espírito	Energia cósmica	Apegos do ego	963
2	Filadélfia	Frontal	Átmico	7ª	Consci-ência	Inspira-ção	Ilusão	852
3	Sardes	Laríngeo	Búdico	6ª	Vontade	Verdade	Mentiras	741

4	Tiatira	Cardíaco	Causal	6ª	Mental	Amor	Tristeza	639
5	Pérgamo	Plexo solar	Mental	5ª	Desejo	Força de vontade	Vergonha	528
6	Esmina	Sexual	Astral	5ª	Criatividade	Prazer	Culpa	417
7	Éfeso	Básico	Físico/ vital	3ª/4ª	Instinto	Sobrevivência	Medo	396

Figura 13.1.3 – Correlações Entre Os Chakras e Os Corpos Sutis.

A Figura 13.1.3 mostra a correlação entre os chakras e sua correspondência com os diversos corpos do ser humano.

A natureza, assim como toda a Criação, é composta pela dualidade energética, dos princípios positivo - *yang* e negativo - *yin*. A dualidade é observada em diversos campos e elementos da vida e da existência:

- Bom e mau;
- Certo e errado;
- Claro e escuro;
- Positivo e negativo;
- Misericórdia e severidade;
- Masculino e feminino;
- Luz e trevas.

Em se tratando de energia, a mais poderosa no ser humano é aquela chamada de kundalini, que pode ser acessada e expandida pela interação e união entre o sagrado masculino e o sagrado feminino, conforme dois seres se unem pelo sexo, produzindo essa circulação energética.

A partir da ativação dessa energia, os chakras vão se ativando, do nível mais básico até o mais elevado, permitindo assim a total iluminação do ser humano.

13.2 Como As Emoções Impactam os Chakras

Como já abordado anteriormente, existem duas emoções / sentimentos básicos na consciência humana:

- Amor (ligado à mente superconsciente);
- Medo (ligado à mente inconsciente).

A vibração do amor dá-nos a base e habilita-nos aos sentimentos de vibração mais elevada (gratidão, alegria, amor incondicional, altruísmo, ab negação) e nos aproxima da Fonte da Luz Criadora de Tudo O Que É. Quando vibramos no amor e elevamos nossas emoções a partir do amor, a nossa consciência passa por uma expansão continuada e essa expansão gera uma vibração de elevadíssima frequência na forma de luz, o que nos permite cocriar em conjunto com o Universo e, portanto, modelar nossa própria realidade.

Por outro lado, a vibração do medo afasta-nos da Fonte da Criação, além de bloquear nossa cocriação com o Universo, tornando a vida mais difícil, menos fluida e atraindo somatizações e doenças. Quando vibramos nos sentimentos do medo ou seus derivados, ocorre o decaimento da nossa frequência vibracional, o que provoca a geração de antimatéria (miasmas do ponto de vista quântico) para aniquilar a luz que foi gerada.

Essa antimatéria (miasmas) vai se acumulando no campo vibracional da consciência da pessoa, decaindo dos corpos sutis mais elevados até chegar ao corpo físico da consciência (indivíduo). Esses miasmas vão interrompendo os fluxos das energias sutis até que atingem o corpo físico da pessoa, provocando, assim, enfermidades como alergias, doenças autoimunes, inflamações, infecções, câncer, depressão etc.

Alguns autores tratam das emoções e seus efeitos nas somatizações e doenças do ser humano, tais como:

- Cristina Cairo (*A linguagem do corpo*);
- Louise Hay (*Cure seu corpo*);
- Viana Stiball (*Doenças e desordens*);

- Joel Golsmith (*A arte de curar pelo espírito*);
- Richard Gerber (*Medicina vibracional*);
- David Hawkins (*Poder vs. força*);
- Michael Odoul (*Diga-me onde dói e te direi por quê*);
- Ryke Geerd Hamer (*GNM – Germanic New Medicine*).

Eles são unânimes em afirmar que as doenças não existem; são reações biológicas a um conflito emocional não resolvido ou mal resolvido pela consciência da pessoa.

Caso o conflito emocional resolva-se a partir de sua causa raiz, a pessoa tende a buscar o equilíbrio do seu corpo e, por consequência, a se curar.

É essencial, portanto, lembrar dos efeitos da lateralidade do corpo para fins de estudo, em termos terapêuticos. Nesse sentido, é importante observarmos sintomas, doenças e traumatismos já manifestados. Para isso, utilizaremos aqueles parâmetros explanados anteriormente na página 107, em que temos: lado direito, representando a energia ying (simbologia materna) e lado esquerdo, representando a energia yang (simbologia paterna).

É de grande relevância que se foque nesse aspecto, já que as vidas de pai, mãe e filho estão, necessariamente, emaranhadas do ponto de vista quântico. São, portanto, a base inicial de qualquer investigação terapêutica. Isso remonta desde a antiguidade. Se fizermos uma análise mais profunda de culturas ancestrais, conseguimos perceber a importância da Santíssima Trindade na maioria delas, a saber, no Egito temos Osíris (pai), Ísis (mãe) e Hórus (filho), na cultura Hindu temos Bhrama (pai), Shiva (mãe) e Krishna (filho) e no Cristianismo é representada pela figura do Pai, do Filho e do Espírito Santo.

De outra sorte, a mudança da vibração do ser humano e correspondente expansão de sua consciência está ao seu alcance pela ação de seu livre-arbítrio, bem como pela busca de seu autoconhecimento.

No momento em que a batalha entre a mente superconsciente ("eu superior"/centelha divina) e a mente inconsciente (cérebro reptiliano/sobrevivência/controle) atinge níveis muito elevados, ocorre uma ruptura e a geração de antimatéria causa a somatização no corpo duplo etérico e no corpo físico da pessoa.

Cada emoção de baixa vibração está correlacionada a um centro energético (chakra) e seu correspondente fluxo vital.

Dessa maneira, a partir da investigação do comportamento dos chakras e das suas somatizações equivalentes, é possível identificar a causa raiz emocional que está originando o conflito, desencadeando o desequilíbrio energético e causando a somatização e /ou doença.

A partir daí, com a permissão do partilhante, é possível executar comandos de reprogramação mental para que a pessoa ressignifique as emoções e sentimentos que estão causando desequilíbrio.

É muito importante entendermos que se não for identificada a causa raiz, a aplicação dos comandos TQA não terá efeito. Quanto maior for a manifestação ou somatização, mais profundamente o sentimento ou emoção negativa estará gravada no inconsciente da pessoa.

É, pois, oportuno salientar que esses sentimentos, emoções, crenças, implantes podem estar gravados em até 4 níveis do ser humano: primário, do DNA, histórico e da alma.

Esses níveis de profundidade das crenças e sentimentos serão explanados logo abaixo:

- **Nível primário** – tudo o que foi registrado desde a concepção da pessoa;
- **Nível do DNA** – tudo o que foi registrado em até 5 existências passadas;
- **Nível histórico** – tudo o que foi registrado em até 5 existências e mais as influências das malhas de relacionamentos que interagiram com a pessoa;
- **Nível da alma** – tudo o que foi registrado em todas as existências e estão gravadas no corpo átmico.

De outra sorte, algumas abordagens terapêuticas utilizam a alegria como vetor de cura para pacientes com doenças graves, utilizando da interação dos pacientes com personagens divertidos como fábulas, histórias em quadrinhos, super-heróis e palhaços.

Isso porque a alegria ativa o chakra cardíaco que, por sua vez, está ligado à glândula timo que responde no corpo físico pela regulação do sistema imunológico do ser humano. Ou seja, quanto mais alegre e feliz o ser humano está, mais protegido e imune, está contra as somatizações e doenças do corpo físico.

A grande questão que se apresenta é que, para a maioria dos seres humanos, a alegria é momentânea, pois existem emoções de baixa vibração que a bloqueiam. Por isso, o nosso maior desafio é transformar a vibração da alegria em um estado permanente e isso perpassa por elevar o nível de energia vibracional do ser humano.

Desse modo a principal missão e objetivo da TQA – Terapia Quântica Aplicada é:

- Investigar quais são as causas-raiz do desequilíbrio, em termos das emoções derivadas do medo;
- Identificar, a partir da evidência indicativa, essas causas-raiz;
- Utilizar ferramentas de ressignificação e de reprogramação para a liberação das emoções, sentimentos, crenças, implantes que impedem o desenvolvimento pessoal de quem está em atendimento;
- Elevar a vibração energética da pessoa no atendimento para as frequências do amor, da gratidão e da alegria;
- Auxiliar na expansão de consciência para que, a partir daí, ao vibrar nas emoções, molde e cocrie a sua realidade conforme desejar.

Como o sentimento do amor aproxima a vibração energética da pessoa à frequência do Todo Universal, ao mesmo tempo em que eleva a vibração passando pelo amor, gratidão, alegria e felicidade, é natural que a pessoa comece a experimentar os seguintes resultados:

- Aumento da intuição, sendo orientado de maneira inconsciente à tomada de decisões cada vez mais assertivas;
- Potencialização e exponenciação em todas as áreas da vida;
- Melhora da saúde física, mental, emocional e espiritual;

- A vida flui com uma facilidade inexplicável, sendo que tudo vem à pessoa com facilidade e sucesso;
- A energia empreendida nas atividades é retornada com resultados bem acima da média.

Existem, nesse sentido, algumas maneiras de se ativar os chakras, tais como: exercícios de respiração (*pranayamas*), cromoterapia e algumas frequências sonoras (*solfeggio*).

13.3 O DNA Humano Multidimensional e Suas 12 Camadas

Desde que a elegante estrutura de dupla hélice do DNA humano foi revelada ao mundo pelos pesquisadores Watson e Crick, houve um profundo impacto nos estudos relacionados à estrutura física da espécie humana.

Essa estrutura carrega todo o conjunto de informações da biologia e fisiologia do corpo humano. Informações que estão gravadas na codificação genética presente na dupla hélice do DNA.

Com o avanço das pesquisas sobre o genoma humano, que buscavam identificar toda a codificação inerente ao DNA, chegou-se a uma conclusão impactante. Somente 3% dos códigos faziam sentido e estavam diretamente relacionados com a biologia e fisiologia do corpo humano. Os outros 97% aparentemente não possuíam qualquer função direta ou específica, sendo considerados inicialmente como lixo do DNA ou apelidados de "*junk* DNA".

Entretanto, após o experimento do cientista Wladimir Popopin, no qual demonstrou que uma amostra de DNA, quando submetida a um estímulo de ondas luminosas, tinha propriedades de interação e ordenamento dessas ondas de luz em um padrão coerente, verificou-se então que, mesmo após a retirada da amostra de DNA, o padrão coerente para a luz mantinha-se. Logo, o DNA produziu um campo poderoso, capaz de organizar o espaço ao seu redor. Ocorre, no entanto, que restou uma dúvida. Será que o DNA, estruturado a partir de reações bioquímicas e físico-químicas, possuía propriedades quânticas ainda não conhecidas?

Desde então, o olhar dos cientistas voltou-se para os 97% do DNA sem função, pois cada vez mais parecia que essa parte do DNA existe para regular o funcionamento dos 3% já decodificados.

O autor Lee Caroll, contudo, a partir da canalização realizada por Kryon, de sua obra *As 12 Camadas do ADN*, vem lançar alguma luz sobre este tema, uma vez que, a partir de sua explanação, o DNA é um sistema extremamente complexo que funciona de maneira integrada, harmônica e inteligente, a partir de 12 camadas distintas.

Grupo I – As Camadas de Base

- Camada 1 – A camada biológica (a única que está no plano físico);
- Camada 2 – A lição de vida (abrange a Lei do Karma);
- Camada 3 – Ascensão e ativação.

Grupo II – As Camadas Humanas-Divinas

- Camadas 4 e 5 – Funcionam de maneira conjunta, trata do endereço cósmico da consciência, assim como da cocriação;
- Camada 6 – O Eu Superior (Centelha Divina).

Grupo III – As Camadas Lemurianas

- Camada 7 – A divindade revelada;
- Camada 8 – O Registro Akáshico Mestre;
- Camada 9 – A camada da cura do Akasha (nível onde opera a chama trina violeta de Saint Germain).

Grupo IV – As Camadas Divinas

- Camada 10 – Crença Divina – Camada de Deus Um;
- Camada 11 – Sabedoria Feminina Divina – Camada de Deus;
- Camada 12 – Deus Todo-Poderoso.

É importante que se imagine o DNA como se fosse um conjunto harmônico de energias de diferentes frequências e informações, mas que funcionam de maneira conjunta. Ainda, de acordo com Kryon, nosso DNA pode ser ativado e essa ativação pode ser realizada a partir dos seguintes elementos:

- A chave para a transformação está na informação, e não na química;
- A chave para a informação está na expansão da consciência, quanto mais luz mais informação agregada;
- Se a consciência não "conversar" com o DNA, fica em "ponto-morto", fazendo apenas as funções automáticas;
- O DNA faz o que precisa ser feito para atender a nossa ativação, a nossa ordem, o nosso comando.

A partir da modificação realizada no DNA humano há mais de 100.000 anos pelos Pleiadianos (raça extraterrestre que habitou a Terra por um período), foram inseridas alterações na sua estruturação, gerando a conexão com a Fonte da Luz Criadora de Tudo O que É, o nosso Eu Superior, a nossa Centelha Divina, o que reflete a nossa "...imagem e semelhança de Deus...". Isso está, pois, codificado em nosso DNA e nos torna Deuses, no sentido do poder de cocriação, de modo que, quanto mais expandimos a nossa consciência e nos aproximamos da nossa consciência crística, aquilo que para nós hoje parece impossível vai tornando-se cada vez mais possível.

Sendo assim, uma visão multidimensional do DNA humano permitiria a visão da sobreposição das dimensões e a sua harmonia, remetendo à canção e à luz pura. Quando as linhas de um fluxo magnético são repentinamente reveladas ao olho humano, as cores dançam igual quando a luz se reflete em águas tranquilas. Conforme Kryon menciona, "...Existe aqui uma canção...".

No harmônico de ondas energéticas vibracionais que formam o DNA, assim como nessa estrutura em três dimensões: da Criação, do Eu Superior e da Matéria, reside a história do Universo, da humanidade, da raça originadora, do Amor que Deus nos tem, assim como as nossas relações ao longo dos tempos e com a Terra.

Esclarecendo, o DNA é a encruzilhada entre Deus e o homem, a mistura do quântico e do não quântico e vibra com a essência da verdade do Universo. Conforme diz Kryon, é lá que fica a ponte para a realidade do Criador (bem no meio da dupla hélice) e, em cada molécula de DNA, existe um mini portal que conduz a um Universo multidimensional.

Aquilo que os cientistas chamam de dupla hélice é sagrado, único, e apenas existe dessa forma nos humanos, uma vez que o DNA de outras formas de vida não contém o Criador dentro de si.

Então podemos concluir que não é a química que cria a consciência, mas a informação, e sempre foi assim. Nossas células foram concebidas para vibrar em reconhecimento quando sabem que estão perante a verdade, daí a efetividade prática dos testes cinestesiológicos.

As próprias células recebem energia a todo o momento e muitas vezes, sem que haja uma razão aparente, sentem medo ou alegria, uma "inspiração" para fazer algo. Assim é preciso pensar nisso como se tivéssemos um segundo cérebro. Talvez um cérebro que seja de natureza espiritual, que não utiliza de toda uma linguagem linear, que se revela, portanto, como a conexão direta com a nossa Centelha Divina, com o nosso Eu Superior e com a Fonte da Luz Criadora de Tudo O que É.

QUARTA PARTE

AS BASES ENERGÉTICAS DOS COMANDOS NA TQA

CAPÍTULO 14
A MATEMÁTICA DA CRIAÇÃO

"Se você soubesse da magnificência dos números 3, 6 e 9,
então você teria a chave do Universo."
Nikola Tesla

14.1 A Energia dos Números

Desde a antiguidade, o movimento e a influência dos astros deram origem à Astrologia. Da mesma sorte, os números e suas influências na trajetória das pessoas originaram à numerologia, assunto que desperta curiosidade de alguns estudiosos.

Em muitas culturas foram escritos textos que tratam da numerologia. Ao analisarmos os pilares da nossa base numerológica decimal, verificamos que os números representam diferentes formas de energia no Universo. Essas diferentes formas de energia, em frequências vibracionais e níveis de intensidade diferentes, combinadas entre si de infinitas formas, dão origem a Tudo O que É, no nosso Universo e em todo o Multiverso.

Sob um olhar lógico, as funções matemáticas ainda desconhecidas do ser humano, originadas por essas combinações numéricas, dão origem às formas básicas do nosso Universo tridimensional, assim como do Universo multidimensional que será mostrado no Capítulo 15 - Geometria Sagrada.

O conhecimento desse tipo de matemática é importante, porque tem relação com a base estruturante do Universo e com o funcionamento dos comandos de reprogramação que são utilizados pela TQA – Terapia Quântica Aplicada.

À luz da numerologia tradicional, algumas energias são representadas pela base numerológica decimal – representações básicas em que cada algarismo simboliza formas de energia multidimensionais. Esse entendimento, no entanto, propaga-se de forma ainda muito tímida, distante do nosso atual estágio de entendimento.

Vejamos, então, as representações de cada algarismo.

O 1 "Um" – Novos Começos

Esse número trata do "eu", sendo que também representa a união.

O 2 "Dois" – A Dualidade

Constitui a polaridade, o gênero, o humano vs. divino.

O 3 "Três" – Um Número Catalizador

Representa a criatividade, assim como a alegria e a energia da criança interior.

O 4 "Quatro" – A Energia de "Gaia" – A Mãe-Terra

O mundo físico, compreensão e entendimento baseado em estrutura.

O 5 "Cinco" – A Mudança, o Dinamismo, a Vibração do Universo

O número que representa a velocidade e a rapidez.

O 6 "Seis" – O Sagrado

Representa a comunicação, a harmonia, o equilíbrio e o amor.

O 7 "Sete" – A Divindade

Caracteriza a totalidade, a perfeição e o aprender a vida.

O 8 "Oito" – É o Número do Pragmatismo e da Eficácia

Caracteriza a base, a estrutura, o pragmatismo, a realização e a manifestação.

O 9 "Nove" – O Número da Conclusão
Representa o completo, a sensitividade e a mediunidade, assim como, o humanitarismo.

Além desses números da base decimal, existem alguns outros, chamados de números mestres, os quais representam ainda outras formas de energia, que são:

O 11 "Onze"
Representa a iluminação;

O 22 "Vinte e Dois"
Caracteriza o construtor cósmico – A Lei Cósmica;

O 33 "Trinta e Três"
Representa a energia crística (Cristo como título e não como nome);

Do 44 ao 99
Ainda não há descrição sobre esses, uma vez que o seu nível quântico é muito elevado e foge ao entendimento do ser humano.

A partir dessa introdução que caracteriza a configuração de diferentes energias relacionadas aos números da base numérica decimal, os próximos tópicos mostram algumas variantes e comportamentos desses números, assim como de suas combinações.

14.2 A Matemática Vorticial

No momento em que se busca uma abordagem mais abrangente da nossa base numérica decimal, é possível observar que Marko Rodin é um gênio matemático. Ele descobriu uma série de comportamentos no sistema de numeração decimal que até agora não foram documentados pela matemática e a ciência convencional.

Muitos cientistas, pensadores, programadores e matemáticos têm testado e validado a teoria dessa matemática revolucionária conhecida como "Solução de Rodin" e sua "Bobina de Rodin".

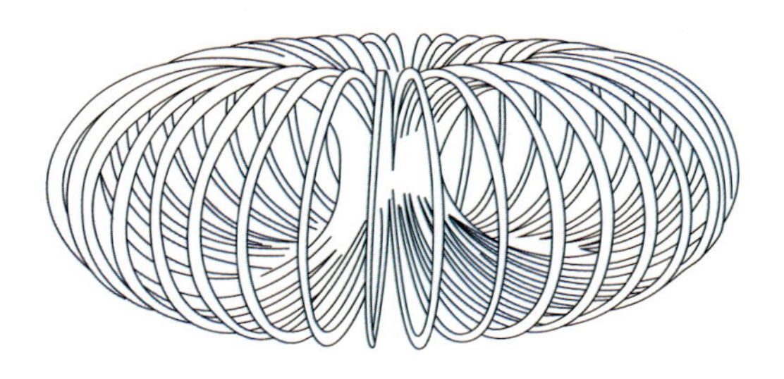

Figura 14.1.1

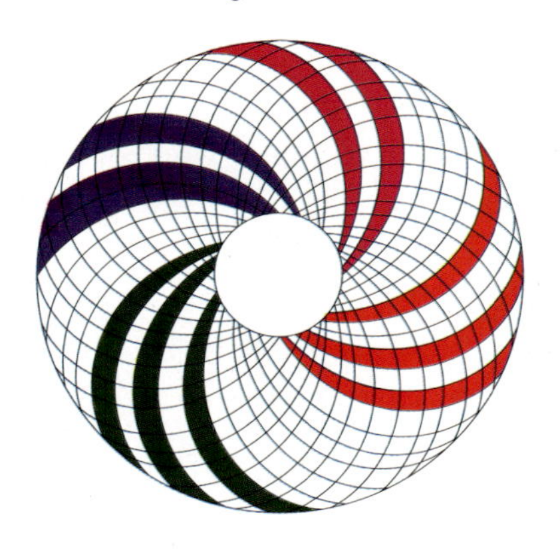

Figura 14.1.2

Atualmente, já existem várias aplicações práticas dessa abordagem matemática e da descoberta de Rodin.

Assim, é possível listar algumas aplicações práticas da pesquisa e da Bobina de Rodin:

- Geração de energia a partir de bobinas de plasma;
- Antenas de sensibilidade extremamente alta;
- Pesquisa de fusão de bobinas toroidais de simetria e espelho, sem escova e sem motores do comutador;

- Processador de computador com inteligência artificial, memória e sistemas de armazenamento de dados fractais;
- Sistema de propulsão de potência no espaço do motor de reação;
- *Design* inteligente do DNA do campo morfogenético bioetérico da microbiologia.

Rodin conseguiu, assim, decifrar uma matemática e geometria bastante avançadas e além do seu tempo a partir das quais é possível verificar análises que se aplicam em todo o Universo.

Ele conseguiu, ainda, enxergar e demonstrar que a energia do Universo está em infinita contração e descontração, criando e recriando desde o nível quântico até níveis de sistemas solares e das galáxias.

Essa geometria de vórtex, ou vórtice, mostra um escoamento giratório, onde as linhas de corrente apresentam um padrão circular ou espiral. São movimentos espirais ao redor de um centro de rotação. Vemos isso o tempo todo na natureza. Isso descreve mais uma vez que o tempo não é linear, e sim cíclico.

A partir dessa nova visão, os números decimais são "REAIS" na medida em que não são apenas representações de outras coisas, mas têm características de propriedade fundamental e representam níveis de energia no Multiverso.

Eles expressam a geometria espacial dinâmica cronológica, espaço e tempo, de modo que esses números têm temporalidades e qualidades volumetricamente espaciais e simétricas, ou seja, isso é um princípio da natureza do nosso sistema decimal.

Essa nova abordagem emprega continuamente a chamada "paridade decimal", em que vários algarismos são somados para revelar sua base de dígitos.

Exemplo: 164 = 1+6+4 = 11 = 1+1 = 2, ou seja, 164 = 2

Existe uma justificativa para essa situação e que revela a ressonância harmônica ou as relações numéricas. O importante, porém, são os harmônicos e os padrões; de maneira que, para se reconhecer esses padrões, é preciso perceber e entender as suas conexões, e assim conseguir-se-á ver a lógica existente no conjunto.

Para esclarecer um pouco melhor esse ponto, vamos buscar um outro sistema numérico que é o sistema binário utilizado nos sistemas computacionais.

Quando se estuda a estrutura dos circuitos lógicos dos processadores computacionais, verifica-se a utilização de somente dois estados energéticos, quais sejam, 1 - energia ativa e 0 - ausência energia. Do mesmo modo, todas as operações realizadas por esses processadores são, em última instância, somas. Isso porque a única operação aritmética que é possível se construir com base em circuitos eletrônicos digitais é o circuito somador. Logo, temos que todas as demais operações aritméticas e de funções matemáticas complexas são modeladas para que o processador possa somar a fim de se chegar ao resultado desejado.

No caso de subtração, em que a máquina trabalha com sequências enormes de 0's e 1's, o que se faz é inverter um dos registros e realizar a soma.

Logo, quando se quer multiplicar, soma-se quantas vezes é o objeto do produto. Quando se quer dividir, subtrai-se quantas vezes for necessário, invertendo registro a registro, somando até se chegar ao resultado.

No caso das funções mais complexas como senos, cossenos, tangentes, exponenciação, radiciação e outras, o que se faz é gerar um algoritmo utilizando variações da série de Taylor, em que a função é representada e a partir daí, podendo ser utilizada na forma de objetos em múltiplas funções e operações, inclusive em funções mais complexas.

Então, se o computador realiza todas as maravilhas que a sociedade moderna tem acesso a partir de uma simples base binária apenas realizando uma operação básica que é a soma, o que seria de se esperar da Criação, que tem à sua disposição uma base numérica com nove níveis ativos de energia, lembrando que energia envolve vibração e frequência.

Fazendo uma correlação simples, a impressora 3D da Criação é a variação em frequência da dimensão mais elevada, ou seja, da frequência mais alta, passando pelas dimensões intermediárias até chegar nesta dimensão que a civilização humana habita, ou seja, a terceira dimensão.

Em telecomunicações é possível construir outras ondas a partir de uma onda eletromagnética senoidal e da combinação de várias ondas combinadas de frequências diferentes, na forma de harmônicos, tais como: quadradas, triangulares, dentes de serra, circulares e outras. Assim, o que a Criação poderia realizar e criar, a partir de funções matemáticas desconhecidas, combinações harmônicas de frequências e energias infinitas, é a descrição do que conhecemos como "Tudo O que É".

A base estruturante do Universo é matemática e energética, de maneira que alguns autores, tais como Dr. Richard Gerber, na sua obra Medicina Vibracional, Dr. Marcus du Sautoy, no seu documentário The Code, Dr. Massimo Citro na sua obra O Código Básico do Universo e o Dr. David Hawkins, na sua obra Poder vs. Força, lançam alguma luz sobre este tema, o que nos leva a várias e inquietantes reflexões.

O número 9 é o foco principal, uma vez que ele pode ser considerado o "Todo Criador" na abordagem de Rodin. Nesse caso, temos que na base decimal são usados apenas 9 dígitos que compõem combinações infinitas e de sequências numéricas infinitas.

O Zero, no entanto, não representa valor algum, por essa razão não é incluído. O zero retrata o nada, e o nada nesta abordagem não existe, ou seja, significa apenas a descrição da falta de algo como, por exemplo: a falta de luz (escuridão), falta de ordem (desordem), falta de energia (paralisia) ou falta de consciência (inconsciência).

Se o 9 é tudo e o zero é nada, temos, então, a representação de uma antítese da Lei dos Opostos originária da Filosofia Hermética, portanto ambos numerais ocupam o mesmo espaço de controle.

Para entendermos melhor, vamos a um exemplo. Ao se dividir 1 por 3, obtém-se 0,333 e, ao contrário, 3 por 1 obtém-se 3. No entanto, ao se substituir o 1 por 9 e 9 por 3 naquela mesma operação tem-se, em ambos os casos, o resultado de 3. Ao contrário, ao se dividir 3 por 9, o resultado será igualmente 0,333.

Dessa relação advém a conclusão de que o 9 é o todo e o zero é o "Buraco, o vazio ou o nada".

14.3 Arranjos Decimais Impactantes

A partir da análise da base decimal, é possível simplesmente contar assim: 1 2 3 4 5 6 7 8 9 [zero] retornamos ao 1 2 3 4 5 6 7 8 9... e assim, infinitamente. Desse modo, quando você tem 10, você tem 1, pois o zero não existe, temos 9 = 0, assim como, 0 = 9.

Essa consideração pode até ser conflituosa e até parecer meio ortodoxo, porém essa é a realidade dos números, de maneira que essa forma nos mostra que é possível trabalhar com os números de maneira infinita usando a paridade e uma "renormalização", e assim o 9 sempre estará acima dos demais.

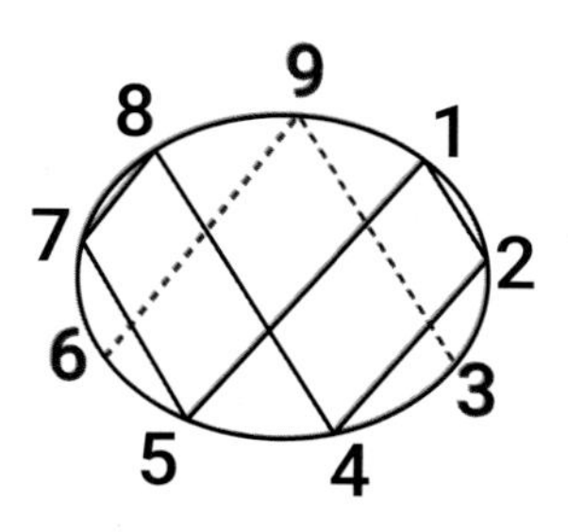

Figura 14.3.1

Observe a figura 14.3.1. Os números 1 e 9 são definidos no sentido horário em torno de um círculo. Perceba que nesse círculo, depois do 9 vem o 1, ou seja, seguindo um padrão de paridade decimal.

Notamos, também, que 3 + 6 = 9 estão fora do padrão. Entretanto, ao observarmos a figura, verificamos que existem dois diferentes conjuntos de linhas, que poderiam ser chamadas de "trilhos" ou pistas, as quais devem ser seguidas.

Exemplo: 3+3 = 6, logo 6+6 = 12 que é = 1+2 = 3, 12 +12 = 24 que é = 2+4 = 6, 24+24 = 48, logo, 4+8 = 12 que é 1+2 = 3, 48+48 = 96 que é 15 que é 1+5 = 6 etc.

Sendo assim, o 3 e o 6, nessa abordagem, funcionam como ativadores ou redutores de energia na forma de osciladores energéticos.

Por uma outra perspectiva, imaginemos a seguinte sequência: 1 x 2 = 2; 2 x 2 = 4; 4 x 2 = 8; 8 x 2 = 16. Em razão da paridade decimal, devemos somar os algarismos, de modo que temos 1 + 6 = 7. Na sequência, retomamos a multiplicação, em que temos 16 x 2 = 32. Do mesmo modo, pela paridade, somamos 3 + 2 = 5. Continua-se a multiplicação, onde 32 x 2 = 64. Some-se 6 + 4 = 10 e 1 + 0 = 1, ou seja, a escala repete-se formando uma sequência infinita e constante.

O primeiro padrão é portanto: 1 2 4 8 7 5 e depois volta para 1, de maneira que essa é uma escala, cooperando para que, segundo a paridade decimal, verificamos então que 32 é 5 e, em seguida, salta para o 64.

O número 64 está, pois, em uma escala de "duplicação", já que multiplicamos por 2 (dois). Vale ressaltar que, nesse exemplo, o número vai dobrando e, depois, comprimindo para, ao fim, chegar a um único dígito, porém essa fase de duplicação é essencial.

Esse é o padrão numérico que a natureza utiliza para crescer. Podemos perceber esse padrão numérico, por exemplo, no processo de divisão celular, ou "mitose celular", assim como em outros eventos naturais.

Nós somos literalmente energia condensada, que se move, forma e se expressa em toda a nossa realidade última.

Acontece ainda o contrário dessa duplicação, ou seja, existe também a sequência inversa, começando em 1 5 7 8 4 2 e voltando para 1.

Aqui cabe uma observação muito interessante, pois também é evidente que esse movimento desenha um símbolo do infinito. E, se você separar os numerais 3, 9, 6 dos outros números, terá o desenho do algarismo 8. Logo, 8 x 8 = 64, que é uma escala de duplicação do circuito observado.

Exemplo: 1+1 = 2, 2+2 = 4, 4+4 = 8, 8+8 = 16, 16+16 = 32, 32+32 = 64

Seria apenas uma coincidência, uma vez que o 8 deitado seja o símbolo do infinito? Esse fato nos permite enxergar a perfeita ordem harmônica fora do que a percepção caótica nos apresenta e que é uma das lições que esses padrões de números podem nos mostrar. Então, para que se possa enxergar os padrões, é necessário que primeiramente ocorra a expansão da consciência.

Figura 14.3.2

Analisando em outro ângulo, é possível notar que os números 3, 6 e 9 nunca são tocados e devem ser raciocinados de forma linearizada.

Eles ficam discretamente "ocultos". O padrão do movimento é assim: 3, 9, 6, 6, 9, 3, 3, 9, 6 e assim sucessivamente. O restante dos números gira continuamente em torno de uma espiral.

É importante destacar que, tratando-se de geometria, existem apenas dois tipos de linhas: a reta e a curva, de maneira que os números 3, 6 e 9 são caracterizados pela reta e todos os demais são caracterizados pela curva, como é mostrado na figura 14.3.3 na representação do símbolo do Caduceu de Hermes.

Figura 14.3.3

Por outra ótica, ao tomarmos a raiz quadrada de 9, temos 3. Rodin chama esta configuração de terceira via binária, uma vez que o círculo completo tem 360 graus.

Entretanto, uma vez que nosso espaço é dividido em 3 dimensões (altura, largura e profundidade), no dia a dia da vida do ser humano, trabalha-se numericamente no padrão 3.

Observe, pois, o exemplo na figura a seguir. Perceba a terça parte do diâmetro do círculo em azul.

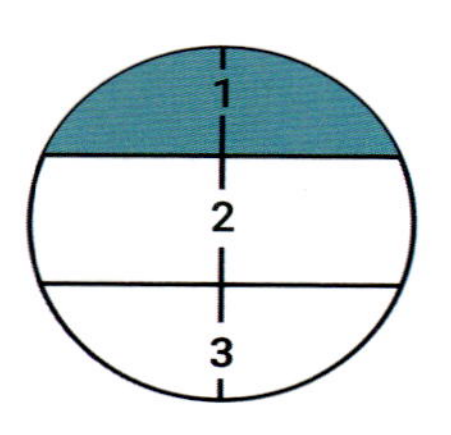

Figura 14.3.4

Uma parte extremamente importante dessa Matemática Vorticial são os chamados números de grupos familiares, os quais são números separados por 3. Se se começa com a soma a partir do número 1, temos que 1 + 3 = 4, logo 4 + 3 = 7, logo 7 + 3 = 10 que é o mesmo que 1. Temos como resultados das somas os numerais 1, 4 e 7.

Por outro lado, se se inicia a série a partir do número 2, temos que 2 + 3 = 5 e 5 + 3 = 8 e 8 + 3 = 11 que é igual a 2. Dessa maneira, é possível seguir o mesmo padrão de 3. Temos 2, 5 e 8, logo nos resta o 3, 6 e 9 sempre separados por três movimentos.

Ao se observar os números 1 2 3 4 5 6 7 8 9, é possível verificar que esses são os números inteiros.

Aqui é importante destacar que, a partir dessa série, é possível reagrupá-la.

1 4 7
2 5 8
3 6 9

É válido observar que existe um total de 3 grupos que são definidos por separações de 3. Ao se analisar esses 3 grupos, verificamos que um se destaca dos demais. O grupo 3, 6 e 9, onde 9 é o dígito mestre, temos que os números 3 e 6 são os seus opostos polares que se movem em direções opostas.

1 2 3
4 5 6
7 8 9

Exemplos: 3 x 3 = 9 ou √ 9 = 3

Essa formação de grade de 3x3 também é muito importante na medida em que se define um ponto central e de equilíbrio, o qual precisa de igualdade de proporção em todas as direções.

É possível verificar que a esfera é a figura tridimensional mais equilibrada possível que existe. Não é, pois, à toa que a Criação de Tudo O que É usa essa forma geométrica como base de construção de todas as estruturas físicas e em todas as escalas dimensionais, variando-a desde um átomo até mesmo um planeta.

14.4 A Linguagem da Criação dos Algarismos 3, 6 e 9

Seja a esfera mostrada na figura 14.4.1.

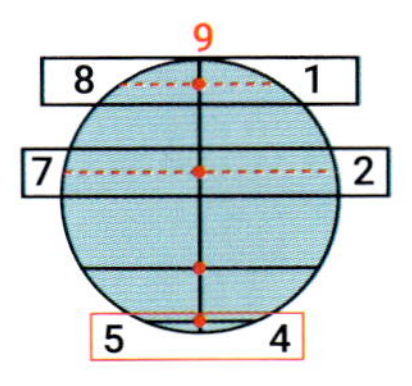

Figura 14.4.1

Ao observarmos o eixo vertical central, verificamos a distribuição em que os números encontram-se horizontalmente emparelhados, sendo que o numeral 9 seria o centro, a espinha dorsal dessa estrutura. Isso fica evidente em qualquer multiplicação de 9.

Então:

2 x 9 = 18 = 1+8 = 9

3 x 9 = 27 = 2+7 = 9

4 x 9 = 36 = 3+6 = 9, etc...

O número 9 é sempre auto-similar, assim como linear e, por consequência, todos os demais algarismos são os espelhos ou imagens. Vejamos: 1 e 8; 2 e 7; 3 e 6 e 4 e 5.

Importante salientar que os números 3 e 6 formam um grupo separado que dá um significado a essa característica. Confere, então, a estrutura dos terços e permeia essa matemática em toda parte.

Ainda assim, é possível analisar o porquê que o 9 é um algarismo soberano perante os demais. Vejamos:

9 x 1 = 9

9 x 2 = 18, 1 + 8 = 9

9 x 3 = 27, 2 + 7 = 9

9 x 4 = 36, 3 + 6 = 9

9 x 5 = 45, 4 + 5 = 9

9 x 6 = 54, 5 + 4 = 9

9 x 7 = 63, 6 + 3 = 9

9 x 8 = 72, 7 + 2 = 9

9 x 9 = 81, 8 + 1 = 9

É ainda possível analisar essa abordagem por outro lado. Observe que a figura 14.4.2 apresenta a mesma multiplicação de paridade decimal de cada número do circuito de duplicação em que todos os números são espelhos uns dos outros e se movem em direção oposta.

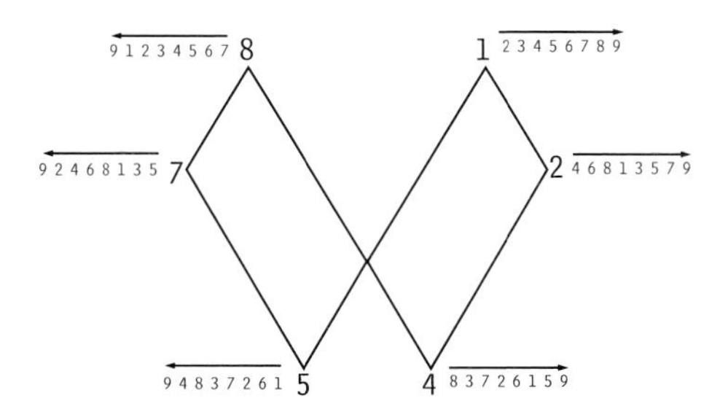

Figura 14.4.2

Exemplifiquemos a partir do multiplicador[1] número 4.

1 x 4 = 4;
2 x 4 = 8;
3 x 4 = 12 = 1 + 2 = 3;
4 x 4 = 16 = 1+ 6 = 7;
5 x 4 = 20 = 2 + 0 = 2;
6 x 4 = 24 = 2 + 4 = 6;
7 x 4 = 28 = 2 + 8 = 10 = 1 +0 = 1;
8 x 4 = 32 = 3 + 2 = 5;
9 x 4 = 36 = 3 + 6 = 9.

Logo, tem-se a seguinte sequência infinita: 4, 8, 3, 7, 2, 6, 1, 5, 9.

É possível observar que as sequências infinitas são sempre opostas umas das outras como, por exemplo: 5, 1, 6, 2, 7, 3, 8, 4, 9. Temos que 1 x 5 = 5; 2 x 5 = 10 = 1; 3 x 5 = 15 = 6 e, assim sucessiva e infinitamente.

A fim de consolidarmos, observe agora mais um exemplo com o numeral 2 (dois), seja somando, seja multiplicando e ligando os números no círculo.

Soma:
2+2 = 4;
4+2 = 6;
6+2 = 8;

1 o fator que indica, na operação de multiplicação, quantas vezes o outro é somado.

8 + 2=10=1+0=1;
1+2=3;
3+2=5;
5+2=7;
7+2=9, e assim por diante.

Agora veja pelo caminho da multiplicação:

1 x 2 = 2
2 x 2 = 4
3 x 2 = 6
4 x 2 = 8
5 x 2 = 10 = 1 + 0 = 1
6 x 2 = 12 = 1 + 2 = 3
7 x 2 = 14 = 1 + 4 = 5
8 x 2 = 16 = 1 + 6 = 7
9 x 2 = 18 = 1 + 8 = 9

Logo, temos a seguinte sequência infinita: 2, 4, 6, 8, 1, 3, 5, 7, 9.

A partir dessa análise, podemos perceber que há uma simetria em espelho, em que o número 9 centraliza o eixo da formação, obtendo uma simetria bilateral perfeitamente harmônica.

Aumentando esse universo de análise, como se observa na figura 14.4.3 é possível verificar as interações que giram ao criar um novo controle, porém mantendo as mesmas propriedades da simetria do circuito de duplicação.

Ao observarmos na figura 14.4.4 a sequência 1, 3, 5, 7, 9, 2, 4, 6, 8, é possível verificar, então, que os números correspondentes aos grupos familiares são novamente separados por importantes terços e que o 3, 9, 6 estão invertidos em 180 graus.

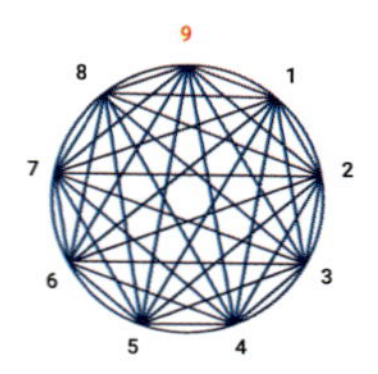

Figura 14.4.3

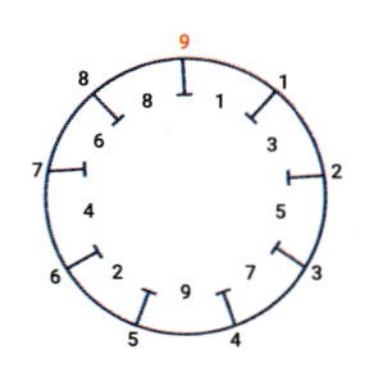

Figura 14.4.4

Verificamos que, se repetirmos o processo mais uma vez, aparece a sequência: 4, 8, 3, 7, 2, 6, 1, 5, 9, representada na figura 14.4.5, de onde tem-se que os grupos ainda estão separados por terços.

Só que agora os números 3, 6 e 9 já voltaram para a mesma orientação, ou seja, giraram 360 graus e pode contar em múltiplos de 4, de onde vem que: 4 + 4 = 8; 8 + 4 = 12 = 1 + 2 = 3; 3 + 4 = 7 e, assim, infinitamente.

Verificamos, pois, a perfeição desse ordenamento e a simetria dos terços. Esse material aplica-se muito bem a todos os assuntos ou a qualquer coisa que tenha energia, ou seja, a Tudo O que É, uma vez que é a maneira pela qual a energia desloca-se na natureza.

A título de exemplo, podemos constatar tal fenômeno por meio da observação da natureza da água, das tempestades, das galáxias, dos elétrons, do magnetismo e outras. E é por isso que tudo gira.

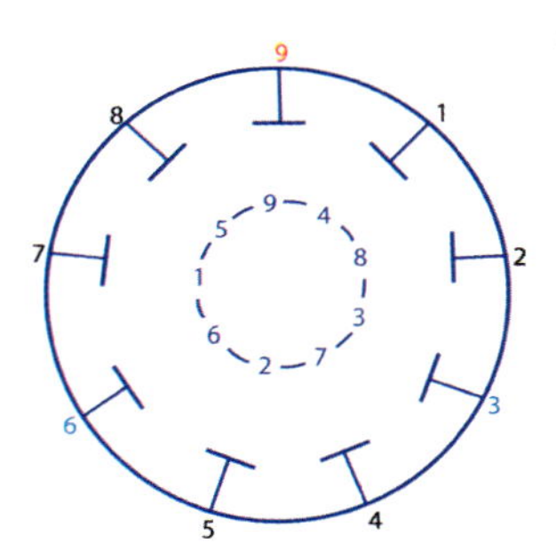

Figura 14.4.5

Quando se pensa na Criação em termos de vibração, frequência, energia e geometria, observamos que tudo na natureza está estruturado à luz dessa combinação infinita da base numérica decimal, na forma de diferentes estados de energia. Esses conceitos vêm, portanto, ao encontro das bases da própria criação do Universo.

Sendo assim, essa matemática é a base da estruturação da Geometria Sagrada, que é, por sua vez, o conjunto de formas geométricas que forma todo o multiverso e suas dimensões - tema que será o objeto de estudo do próximo capítulo.

CAPÍTULO 15
A GEOMETRIA DA FONTE DA LUZ CRIADORA

"...E no começo havia só a escuridão e Deus disse: faça-se a luz e a luz foi feita..."
Gênesis

15.1 O que é a Geometria Sagrada

Desde idades muito antigas, o ser humano busca responder a algumas questões: Quem somos? De onde viemos? Quem nos criou? Para onde vamos? Estamos ou estaríamos sós no Universo?

Essas questões perpassam toda a história da humanidade. Por mais que ainda tenhamos dúvidas, existem sinais e elementos que sinalizam a existência de uma inteligência superior que pode ser percebida em todo o Universo. Um desses elementos é o conjunto das formas estudadas na Geometria Sagrada.

Essas formas geométricas são como modelos de trabalho que a inteligência da Criação utiliza para realizar o seu propósito e, assim, criar.

As referidas formas aparecem desde tempos imemoriais e retratam toda a complexidade do Universo, estruturadas a partir de modelos que refletem a racionalização de energia no processo de criação.

No momento em que se observa a matemática da criação, a diversidade existente no arranjo de infinitas possibilidades nos diversos níveis de energia e de frequência, estruturados e fundamentados pela base numérica decimal, é possível verificar que, desde os primórdios da história humana, por meio dos registros das principais civilizações que existiram no planeta, constatou-se que as representações geométricas eram uma maneira de se contemplar e de se experimentar o divino, sendo impossível ignorar a existência de uma inteligência criadora por trás de Tudo O que É.

Na figura abaixo, observa-se que a partir de um ponto, que é a forma da Fonte Criadora de Tudo O que É, originam-se os traços das retas, formando o espaço tridimensional e suas correspondentes interligações e giros como demonstrado no capítulo anterior. Formam-se, então, os diversos sólidos, entre esses a esfera - a estrutura geométrica mais perfeita da criação.

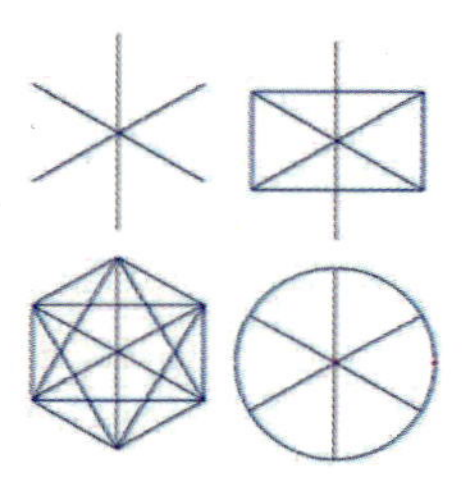

Figura 15.1.1 – Do Vácuo à Esfera.

Dessa estrutura inicial, podemos observar a evolução para um sólido geométrico, o octaedro. A partir de sua rotação em dois eixos, observa-se a formação perfeita e equilibrada da esfera.

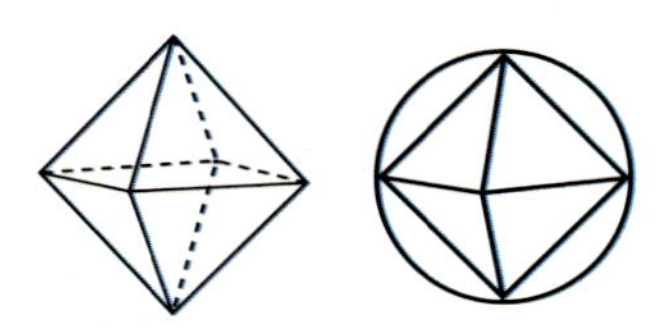

Figura 15.1.2 – Transição do Octaedro à Esfera.

Da construção da esfera, é possível observar a formação de outras geometrias conforme mostrado na Figura 15.1.3.

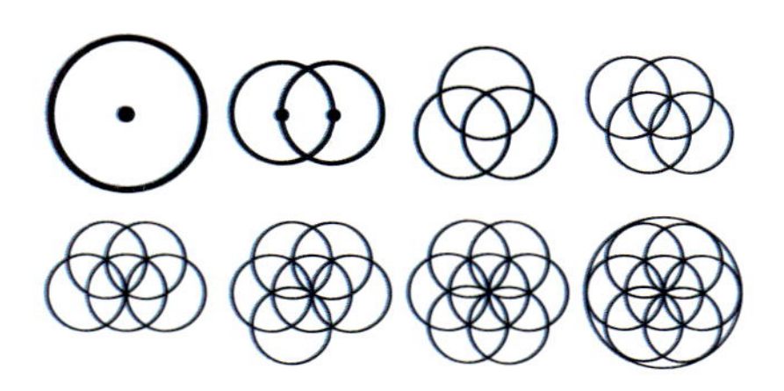

Figura 15.1.3 – O Padrão da Gênese da Flor da Vida.

Esse novo padrão de formação surge da divisão replicada da esfera original. Conhecida como Flor da Vida, representa as várias estruturas na natureza, incluindo as formações celulares, que projetam a sua multiplicação a partir desse modelo construtivo.

Nesse sentido, é importante destacar que, conforme a próxima Figura 15.1.4, na primeira replicação da gênese forma-se a *vesica piscis*, na forma de um peixe estilizado. Essa imagem costuma ser muito utilizada pelo cristianismo para representar o seu credo e seus adeptos. Percebe-se, portanto, que essa é uma representação da Geometria Sagrada muito anterior ao próprio Cristianismo.

Figura 15.1.4 – Na Água, A *Vesica Piscis*.

Outras civilizações também utilizavam tais formas geométricas em seus rituais, como por exemplo o povo celta e suas práticas religiosas, nas quais utilizavam algumas dessas simbologias, como mostrado na Figura 15.1.5 a seguir.

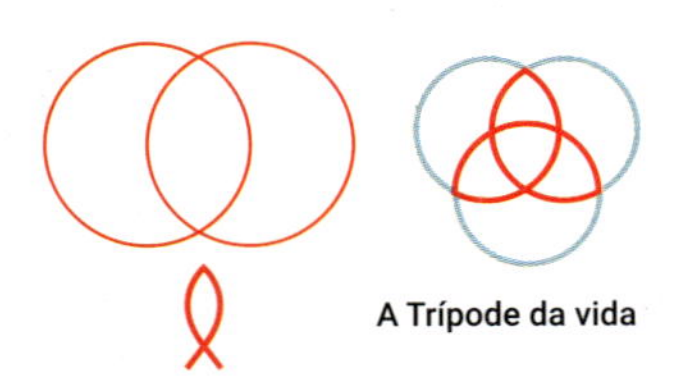

Figura 15.1.5 – A Trípode da Vida.

Algumas outras representações instigantes, que nos levam a uma profunda reflexão a respeito da origem de Tudo O que É, são encontradas em todos os cantos do nosso planeta. A título de exemplificação, segue a representação da gênese da vida retratada na obra de arte mostrada na Figura 15.1.6.

Figura 15.1.6 – Quadro de Anarion Macintosh –
A espiral e os seis estágios (os dias da "Criação" no Gênesis) da criação, (acrylic on canvas).
O universal Padrão da Gênese (Criação) universal.

15.2 Formas Impactantes da Geometria Sagrada

No momento em que se aprofunda no estudo dessas formas, uma das mais utilizadas pela Criação como modelo de construção é o "torus" ou "toroide", ressaltando que é a forma apresentada pela Bobina de Rodin.

É muito interessante essa formação, uma vez que temos várias estruturas na natureza que são elaboradas dessa mesma forma como, por exemplo, o fluxo de um campo magnético em um ímã ou fluxos magnéticos nos astros celestes.

As Figuras 15.2.1 e 15.2.2 mostram essa forma da Geometria Sagrada e suas variações em termos de apresentação.

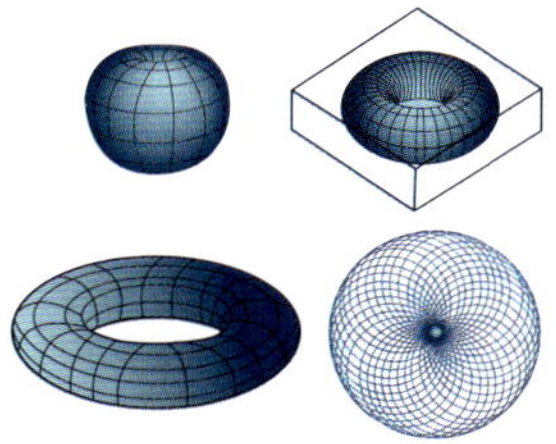
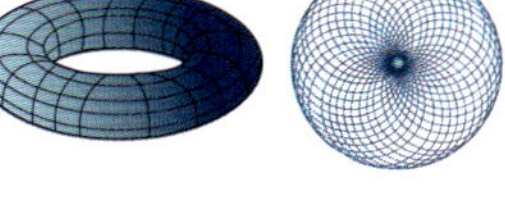

Figura 15.2.1 – Um Torus.

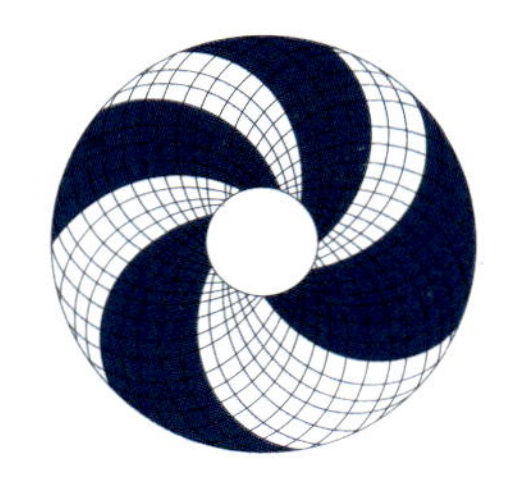

Figura 15.2.2 - Torus com as sete regiões diferenciadas.

A partir dessa estrutura, é possível evoluir para outras estruturas mais complexas da Geometria Sagrada, conforme é mostrado nas Figuras abaixo 15.2.3 e 15.2.4. Da rotação do "torus", é possível construir a Flor da Vida, e, na sequência, o Ovo da Vida, uma estrutura bastante comum na natureza e no Universo, como os tecidos celulares, colônias de bactérias e de fungos.

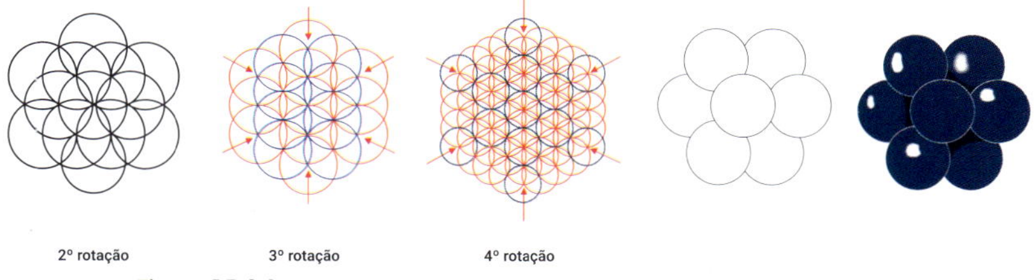

Figura 15.2.3 – As Rotações.

Figura 15.2.4 – O Ovo da Vida.

Concluído esse processo de Criação mostrado a partir da Geometria Sagrada, surge a representação do Fruto da Vida, o qual engloba todas as estruturas físicas formadoras da vida, conforme Figura 15.2.5.

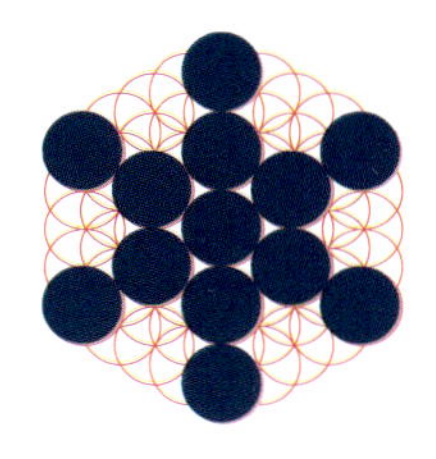

Figura 15.2.5 – O Fruto da Vida.

Na sequência, é possível explorar essa estrutura complexa da Geometria Sagrada, uma vez que, a partir dela, surgem outras estruturas, tais como alguns alfabetos, incluindo, o hebraico e o fenício, de onde se originou o nosso vernáculo, assim como a própria Flor da Vida, a Árvore da Vida (Árvore Sephirótica) da Kabbalah e o próprio Cubo de Metatron, o qual contém na sua essência o conjunto de todas as estruturas básicas que combinadas, originam todas as formas geométricas utilizadas pela Fonte Criadora para criar Tudo O que É.

Figura 15.2.6 – A Flor da Vida e seus 19 círculos entrelaçados.

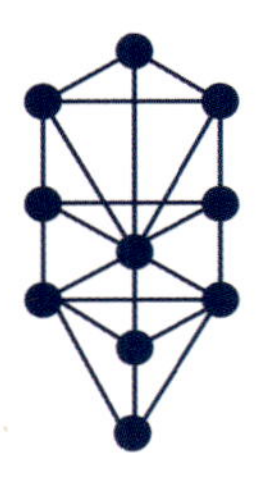

Figura 15.2.7 – A Árvore da Vida, a Árvore Sephirótica da Kabbalah.

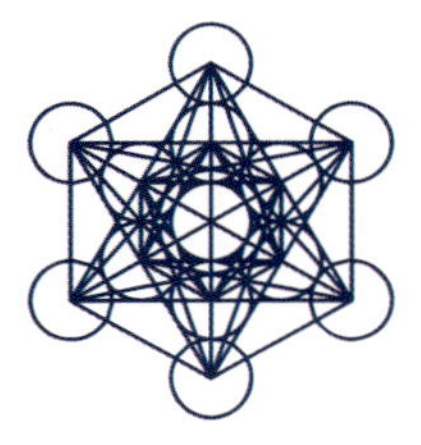

Figura 15.2.8 – O Cubo de Metatron.

Figura 15.2.9 – Metatron e O Seu Cubo O Mundo Tridimensional.

Obs.: Metatron é o Anjo da Criação que, na religião, foi o executor de toda a Criação de Tudo O que É por ordem do Criador. Ele também é a personificação da 11ª dimensão, a dimensão da Criação, a dimensão Metatron.

15.3 A Base da Criação de Tudo O que É

Algumas formas mais específicas da Geometria Sagrada contemplam o conjunto de Tudo O que É e estão em todo o Universo. Mais ainda, em todo o Multiverso. Na Figura 15.3.1, trazemos estas formas para um melhor entendimento.

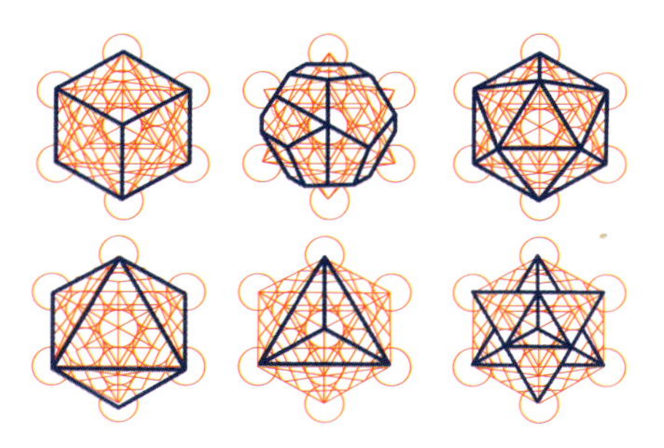

Figura 15.3.1 – Os Sólidos Platônicos.

Essa figura representa os sólidos platônicos e os elementos da natureza por eles representados e estruturados por meio do Cubo de Metatron. Assim, verifica-se da esquerda para a direita, de cima para baixo, a seguinte sequência: o Cubo (6 faces), representando o elemento Terra; o Dodecaedro (12 faces), representando o Aether (elemento primário universal que dá origem a todos os demais e ao universo físico, como o conhecemos); o Icosaedro (20 faces), representando o elemento Água; o Octaedro (8 faces), representando o elemento Ar; a estrela com dois Tetraedros (4 faces) superpostos, representando o elemento fogo e a Merkabah, que representa a fonte de energia infinita da Criação.

É importante destacar que, ainda a partir do Fruto da Vida e da representação do Cubo de Metatron, é possível representar dois Cubos, um dentro do outro, o qual é chamado de Tesseract, caracterizado por ser um sólido detentor de uma energia infinita que está representado nas Figuras 15.3.2 e 15.3.3.

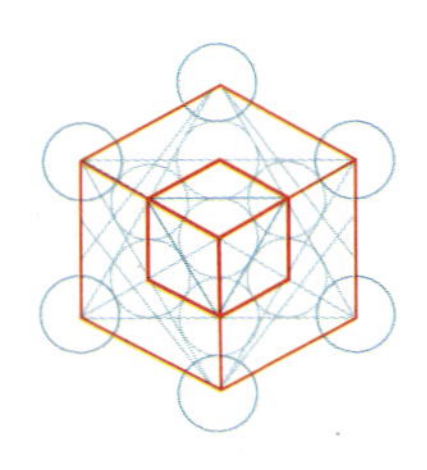
Figura 15.3.1 – Os Sólidos Platônicos.

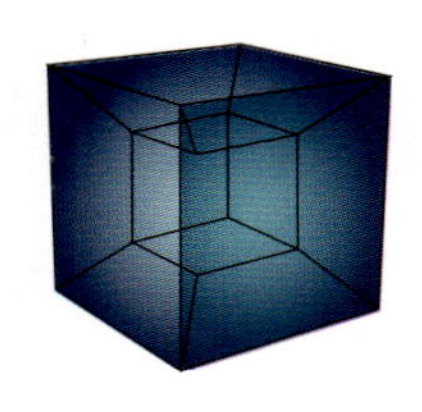
Figura 15.3.2 – O Tesseract.

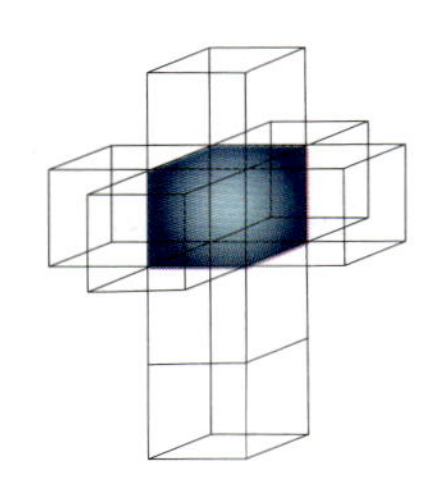
Figura 15.3.3 – O Tesseract Aberto.

Observa-se, também, que a esfera está no centro do Cubo interior que representa o vácuo universal.

Quando se trata do assunto Geometria Sagrada, existe outro elemento que se refere à forma geométrica gerada a partir da construção da Série de Fibonacci. É importante destacar que esta série é formada a partir da sequência 0, 1... A partir daí, cada algarismo posterior é o resultado da soma dos dois anteriores, formando a seguinte sequência: 0, 1, 1, 2, 3, 5, 8, 13, 21, 34, 55, 89...e assim por diante, em uma progressão infinita.

Observe que, ao se tomar dois algarismos sequenciais ao longo da série e ao se dividir o posterior pelo anterior, encontramos uma grandeza aproximadamente constante, que é chamada de Phi, pronunciamos "Fi". A partir dessa constante, o Universo a utiliza para construir uma das mais curiosas formas geométricas conhecidas, a Espiral Áurea, cuja estrutura e lei de formação é replicada em algumas das estruturas mais intrigantes da natureza, como se pode observar na figura abaixo.

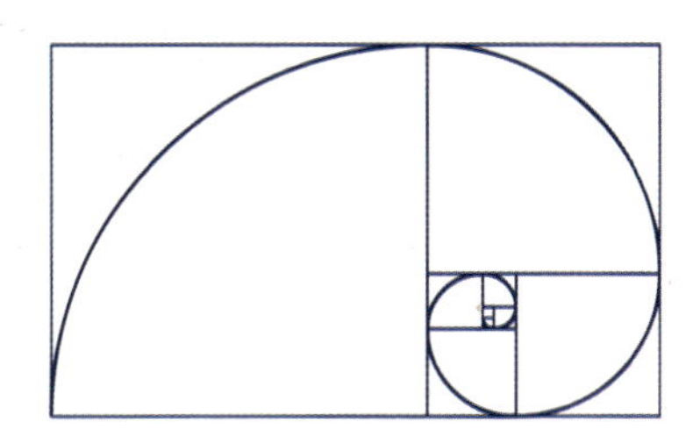
Figura 15.3.4 – A Espiral Áurea.

É importante destacar, além disso, que, nessa espiral, a dimensão de raio de cada círculo inscrito em cada quadrado, que forma a Espiral Áurea, evolui em tamanho, obedecendo-se à multiplicação do diâmetro anterior pela constante Phi e, assim, sucessivamente, de maneira infinita.

Figura 15.3.5 – Formação de um Girassol.

Figura 15.3.6 – Formação de um Caracol.

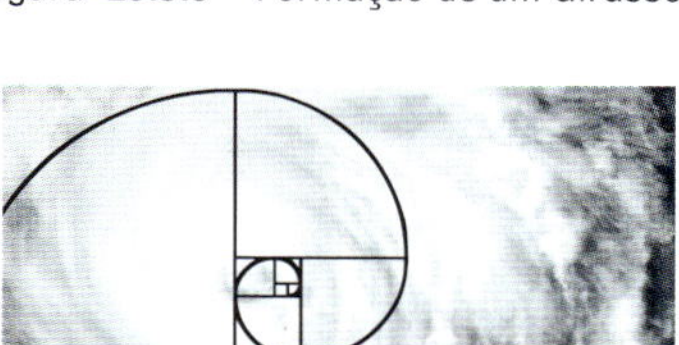

Figura 15.3.6 – Formação de um Furacão.

Figura 15.3.7 – Formação de uma Galáxia.

A partir desse estudo da Geometria Sagrada, observamos que a Criação utiliza-se de modelos matemáticos e geométricos na forma de modelos de trabalho, que prezam, em última instância, pelo uso racional de energia nesse processo.

Assim como nas Telecomunicações, a partir de um harmônico de diferentes ondas contínuas e de diferentes frequências, é possível criar ondas de diferentes formatos como: quadradas, triangulares, dentes de serra, circulares etc. Do mesmo modo, a Criação, utilizando-se da base decimal na forma de níveis de energia e frequências vibracionais diferentes, atribui forma e estrutura a Tudo O que É.

Portanto, é importante que tenhamos a consciência de que o Universo é formado pela vibração, composta por um conjunto infinito de frequências em harmonia e que geram assinaturas energéticas para Tudo o Que É, incluindo seres humanos e toda forma de vida, seja nesta ou em qualquer outra dimensão existencial.

Dessa maneira, o Vácuo Quântico, que é uma onda portadora de frequência vibracional, energia e consciência infinitas, faz com que essa energia, a partir do seu decaimento em vibração e frequência, gere as formas geométricas simples ou complexas, inclusive em nossa própria dimensão tridimensional.

A partir desse estudo da Geometria Sagrada, aliado ao estudo da matemática vorticial, é possível entender o funcionamento e a efetividade física prática dos comandos realizados nas práticas religiosas, de magia e de algumas terapias energéticas, tais como Reiki, Apometria Quântica, Constelações, Barras de Access, Thetahealing, Body Talking, PNL, Hipnose Ericksoniana, Cabala e da TQA – Terapia Quântica Aplicada.

O nosso idioma, assim como o sumério e o hebraico, são derivados do alfabeto Fenício, que teve origem na Geometria Sagrada. Essa Geometria Sagrada é constituída a partir da Matemática Vorticial de base decimal em termos energéticos. Ao se efetuar um comando, ele atua nas próprias bases estruturantes daquilo que é Tudo O que É, permitindo assim a sua efetivação prática e a geração de resultados físicos a partir daí.

Por isso que a maioria das ordens esotéricas e ocultas são iniciáticas, uma vez que o discípulo, que se torna um adepto, precisa passar por um profundo processo de aprendizado e de expansão de consciência antes de começar a manipular a energia na forma dos comandos, pois sempre que se manipula a energia cósmica dessa maneira, interferimos com a lei universal de causa e efeito, dentre outras leis.

CAPÍTULO 16
O EXPERIMENTO DA DUPLA FENDA COMO BASE PARA A COCRIAÇÃO

"...Estudar, estudar, estudar até sangrar o espírito..."
Adolf Hanz Fritz

16.1 O Experimento da Dupla Fenda

Este experimento foi realizado primeiramente por Thomas Young e, depois, demonstrado matematicamente por Erwin Schrödinger. Esse experimento é, portanto, a base para o entendimento do processo de cocriação da realidade do ser humano com o Universo.

O experimento foi feito utilizando como base os seguintes elementos:

- Fonte luminosa;
- Obstáculo com duas fendas;
- Anteparo.

Essa estrutura é mostrada na Figura 16.1.1.

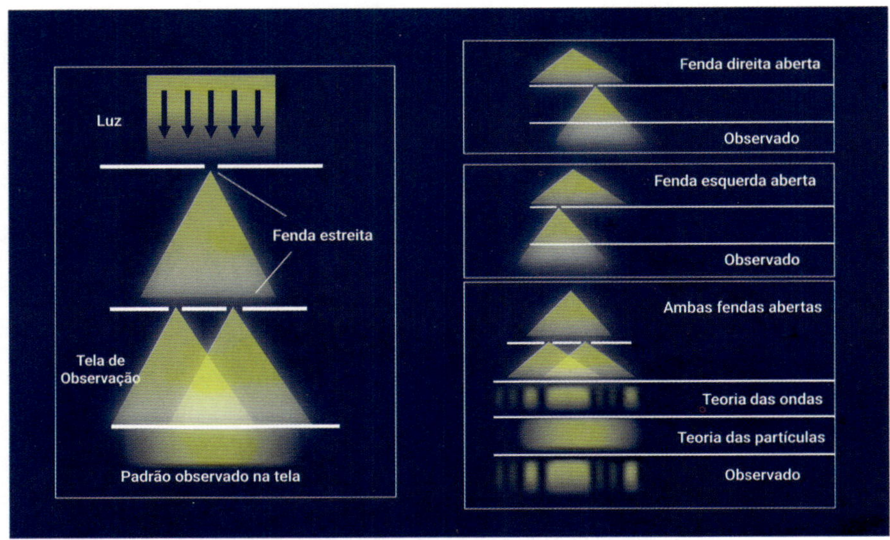

Figura 16..1.1 – O Experimento da Dupla Fenda.

1ª fase do experimento (imagem superior do lado direito)

Na 1ª fase do experimento, uma das fendas no obstáculo foi bloqueada e foi observado o formato da imagem no anteparo.

Foi verificada uma imagem compatível com o rasgo e com a passagem da luz pela fenda, na forma de partículas luminosas.

2ª fase do experimento (imagem central do lado direito)

Na 2ª fase do experimento, a outra fenda no obstáculo foi bloqueada, abrindo a fenda anterior e, da mesma forma, foi observado o formato da imagem no anteparo.

Foi verificada uma imagem compatível com o rasgo e com a passagem da luz pela fenda, na forma de partículas luminosas, no mesmo formato da observada na 1ª fase do experimento.

3ª fase do experimento (imagem inferior do lado direito)

Então, na 3ª fase do experimento, as duas fendas do obstáculo foram abertas e, da mesma forma, foi observado o formato da imagem no anteparo.

Foi verificado, no entanto, que, agora, formou-se uma imagem incompatível com os rasgos e com a passagem da luz pela fenda, na forma de partículas luminosas.

Pela imagem multifacetada observada, foi visto um modelo de interferência construtiva, compatível com a passagem da luz pelas fendas, na forma de ondas eletromagnéticas.

4ª fase do experimento (uso do observador - sensor eletrônico)

Os cientistas, na tentativa de verificarem na prática se a luz passava na forma de partículas ou de ondas, partiram para a 4ª fase do experimento, onde instalaram sensores eletrônicos para este registro conforme mostra a Figura 16.1.2.

Surpreendentemente, ao ligarem os sensores, verificaram uma alteração no comportamento das partículas e percebeu-se que o modelo de interferência havia retornado ao modelo anterior, de passagem de luz na forma de partículas.

Então, no momento em que se desligava o observador eletrônico, o comportamento da luz e o seu modelo de interferência construtiva retornavam compatíveis com a luz no formato de ondas e vice-versa.

Com base nesses testes, os cientistas constataram que não havia outra explicação a não ser que o observador eletrônico, pelo simples fato de existir e observar, colapsou a função de onda do feixe de luz, fazendo com que mudasse o seu estado de onda para partícula (matéria).

A partir de então, o mundo da Física e da Metafísica nunca mais foram os mesmos. Esse experimento, pela sua enorme especificidade e importância conceitual, foi o grande vetor do desenvolvimento da Mecânica Quântica até os dias atuais.

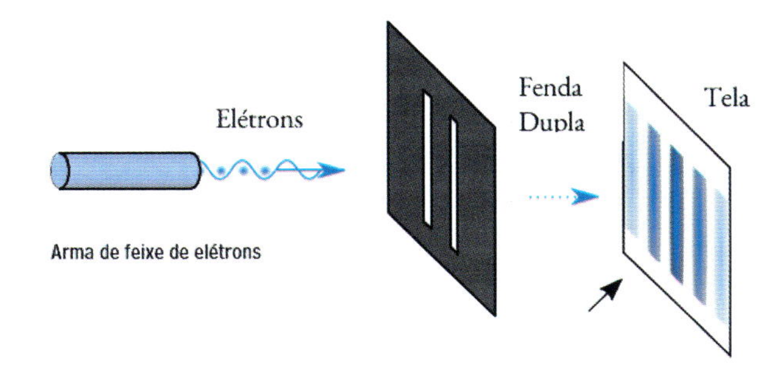

Figura 16.1.2 – O Uso do Sensor Eletrônico.

16.2 A Consciência Humana e a Quântica

Entender o conceito de consciência é muito importante para o aprendizado da Quântica, uma vez que é por meio dela que o processo de manifestação acontece. A nossa consciência é a faculdade humana pela qual a pessoa percebe aquilo que se passa dentro dela ou em seu exterior. A partir dessa percepção, poderá decidir ações e responsabilizar-se pelas consequências dessas ações, conforme a concepção do bem e do mal.

Também é importante o conceito da individualidade da consciência humana. O indivíduo pode ser conceituado como sendo um ser dotado de consciência, possuidor de um espírito, o qual habita uma existência neste plano tridimensional.

Uma vez que Tudo O que É no Universo é dotado de consciência e toda consciência é um conjunto harmônico emaranhado de ondas de vibração, frequência e energia variadas, pelo princípio do emaranhamento quântico, a pessoa está integrada a todos os outros indivíduos e ao Todo Universal. Somos dotados de vontade própria e essa vontade nos permite cocriar a nossa realidade com o Universo.

À medida que adquirimos conhecimento e informação, vamos expandindo a nossa consciência e aumentando a nossa frequência vibracional. Nossas mentes e corpos vão se equilibrando e se alinhando, até que ocorre um salto quântico e a fusão com o Todo Universal, na forma de ressonância ou sincronismo perfeito com a Fonte da Criação.

Sabemos, entretanto, que em vários momentos da vida sentimos nossa vibração cair e o nosso nível energético reduzir abruptamente. Isso acontece na maioria das vezes por alguns elementos, tais como:

- Sentimentos de inveja;
- Sentimentos de rancor;
- Ações de vontade de terceiros no campo quântico.

Muitos pensamentos e crenças que habitam o nosso subconsciente, em última análise, não são nossos. Advêm de outras pessoas e do ambiente externo ao qual estamos submetidos e, às vezes, apresentam-se na forma de crenças limitantes ou mesmo implantes que se comportam como âncoras em nossas vidas, impedindo o nosso crescimento e a expansão de nossas consciências.

Portanto, sempre que você tiver um pensamento ou sentir algo que não lhe traga alegria, satisfação, realização ou harmonia, é bom realizar uma análise com o objetivo de identificar se este pensamento, crença, ou sentimento é seu ou foi absorvido do ambiente.

Por isso, é importante treinar a nossa mente consciente a manter bons pensamentos e sentimentos elevados, a fim de manter a nossa vibração elevada. A principal ferramenta para se realizar a autodefesa psíquica e blindar o nosso campo vibracional contra-ataques e influências negativas é desenvolver o amor e, principalmente, o autoamor.

16.3 A Consciência Humana e o Planeta Escola

A passagem por esta experiência terrena é necessária para que possamos expandir a nossa consciência, ao longo de nosso processo evolutivo e de aprendizado neste Planeta Escola.

Esta evolução é contínua e a nossa passagem por um determinado sistema planetário é compatível com o nosso grau de evolução e com o grau de expansão de consciência que este sistema possui.

À medida que o processo evolutivo desenrola-se, expandimos a nossa consciência e elevamos a nossa vibração, de modo que nos capacitamos a mudar para mundos melhores das esferas superiores.

A cada grau de evolução e elevação da nossa frequência vibracional, vamos nos aproximando e nos fundindo de maneira construtiva ao Todo Universal e à Fonte da Criação.

Como as frequências e os níveis de energia são muito elevados nos planos existenciais superiores e cada vez mais altos, tanto em níveis de frequências e níveis energéticos, à medida que ascendemos, precisamos ter um completo domínio dos nossos sentimentos e emoções, pois quando acontecem deslizes quanto a isto, vivenciamos quedas vibracionais muito impactantes.

Por isso, nossa consciência é expandida a partir de uma evolução gradual, em direção ao equilíbrio perfeito entre nossas mentes e corpos. Sendo essas as mentes superconsciente, consciente e inconsciente e seus corpos físico, emocional, mental e espiritual.

Quanto mais elevado é o padrão vibracional da consciência, maior é o grau de integração e de equilíbrio entre os nossos corpos e mentes. Do contrário, quanto menor é o grau de integração e de equilíbrio, menor é o padrão vibracional da consciência e, portanto, mais difícil torna-se o processo de cocriação da nossa realidade com o Universo.

CAPÍTULO 17
A QUÂNTICA E A COCRIAÇÃO COM O TODO UNIVERSAL

"...Só existem duas emoções, o Amor e o Medo, todas as outras são derivadas destas duas primeiras..."
Joshua Stone

17.1 Elementos Para a Cocriação

Uma vez que somos energia pura e tudo no Universo é vibração, frequência, energia e geometria, possuímos duas maneiras de alcançar aquilo que desejamos e nos propomos a fazer em nossa trajetória pelo Planeta Escola.

A primeira delas é empregar o esforço do nosso trabalho, dedicação e perseverança, utilizando somente a força do EGO para atingir nossos objetivos. Este processo é lento, desgastante e gera uma grande dispersão de energia ao longo da vida, levando-nos costumeiramente ao final de um longo tempo ao esgotamento físico, emocional, mental e até espiritual.

A segunda e mais efetiva, é aquela que empregamos uma minoria de energia de nossa parte e cocriamos aquilo que desejamos, por meio da energia que o Todo Universal tem à disposição. Assim, para acessarmos esta fonte de energia, precisamos elevar nosso padrão vibracional e levá-lo para frequências vibracionais que estejam mais próximas do padrão vibracional do Todo.

Outro elemento para a cocriação, que inclusive é descrito por muitos estudiosos e autores, é o experimento da dupla fenda. Esse processo de cocriação é ocasionado pelo efeito do observador que, ao observar, colapsa a função de onda.

É importante destacar que cocriamos inúmeras vezes sem ao menos perceber e, na maioria das vezes, inconscientemente. O interessante, porém, é que essa habilidade pode ser desenvolvida para ser realizada por todos nós de maneira consciente, consistente e sustentável, por meio da disciplina de hábitos, bem como pela mudança de nosso padrão mental e vibracional.

17.2 O Processo Para a Cocriação

Neste momento, passamos a descrever o processo de cocriação para que você tome consciência do verdadeiro alcance desse conhecimento e possa vivenciar o poder de transformação de sua vida. Com isso, poderá, então, acelerar o seu processo de desenvolvimento em todos os aspectos de sua existência.

No momento em que você, ou a sua consciência, deseja ou quer algo, inicia-se o seguinte processo.

Primeiro ocorre a geração da forma-pensamento que é o objeto do desejo na forma de uma onda de informação que é enviada ao cosmos ou ao próprio vácuo quântico e que, em última instância, é a Fonte da Luz Criadora de Tudo O que É.

É importante manter o foco do seu pensamento no seu objeto de desejo por 17 segundos, tempo necessário para que isso seja gravado no Universo, para que ocorra o colapso da função de onda e, então, aconteça a manifestação.

Em seguida, essa onda da forma-pensamento ganha uma unidade de medida de energia - o *quantum* - gerada pelo sentimento de satisfação e de alegria desenvolvido por você, pela esperança de já ter recebido o objeto do pensamento ou desejo, transformando a onda inicial em uma onda de possibilidade.

Na sequência, essa onda altamente energizada da forma-pensamento, correspondente ao objeto de desejo, interfere construtivamente com a onda da Fonte da Luz Criadora de Tudo o Que É. Ou seja, a onda primordial do Vácuo Quântico se transforma em uma onda de probabilidade.

Sendo assim, o seu Eu Superior ou a sua própria centelha divina, ao se comportar como observador deste fenômeno, assim como ao observar essa interferência, causam o colapso da função de onda e acabam por transformar essa onda em manifestação do objeto de desejo.

Nesse momento, o objeto do desejo, que era uma onda original, manifesta-se materialmente nessa realidade alternativa, na qual a consciência da pessoa habita.

Então, a pessoa recebe o objeto manifestado materialmente em sua vida. Esse processo é a Lei da Manifestação e da cocriação com o Universo.

Pensar Positivo,
Sentir Positivo,
Agir Positivo,
Soltar (Confiar),
Aceitar,
Receber,
e Agradecer !!!

Você está construindo a todo tempo a sua própria realidade. A responsabilidade é, portanto, toda sua!

17.3 Elementos Impeditivos Para a Cocriação

Como as emoções gravam o nosso inconsciente e interferem diretamente na nossa consciência, algumas emoções e sentimentos que estão em um baixo nível de calibração à Luz da Escala Hawkins do Nível de Consciência, impactam negativamente e dificultam, algumas vezes até impedem, o processo de cocriação.

São emoções e sentimentos de baixa calibração: medo, insegurança, dúvida, culpa, vergonha, remorso, mágoa, rancor, ódio, melancolia, tristeza, etc. Pode ainda existir sentimentos ocultos de não merecimento e de não permissão, além de foco excessivo no que queremos manifestar. Esse último tipo de comportamento acaba por ativar o efeito Turing ou Zenão.

É saudável também evitar músicas negativas, como aquelas de que tratam de sofrimento ou de perdas, programas de TV que abaixam a sua vibração, devido à visualização de sofrimentos, tragédias, violências, doenças, descrenças ou infelicidades.

17.4 Elementos que Contribuem Para a Cocriação

Alguns elementos contribuem e potencializam o processo de cocriação com o Universo pela pessoa.

Em primeiro lugar, vem o sentimento do autoamor, o amor pelo próximo e, na sequência, os sentimentos de auto aceitação e aceitação do próximo, livre de julgamentos.

Da mesma sorte, influenciam positivamente o sentimento de estado de gratidão para com a vida e para com o Universo, assim como os estados de alegria e de felicidade.

Lembre-se de que a forma-pensamento leva 17 segundos para ser manifestada e atraída para a vida da pessoa. A disciplina de manter a vibração elevada é muito importante nesse processo e, para isso, utilizamos comportamentos que saturam nosso inconsciente com pensamentos e sentimentos positivos.

Alguns exemplos desses comportamentos são: assistir a bons vídeos, ouvir músicas de elevado padrão vibracional que tenham som de instrumentos musicais como violino, flauta, piano e harpa, boas leituras e utilizar também afirmações positivas no substantivo, como falamos no tópico da lei do ritmo do hermetismo.

Outro elemento importante, que deve ser levado em consideração, é o fato de que o nosso subconsciente é uma força poderosíssima e, quando bem trabalhado, pode trazer grandes benefícios para a evolução e para o nosso bem-estar.

Para manter seu subconsciente trabalhando a seu favor, você deve:

- Manter a mente consciente ocupada em pensamentos positivos;
- Tirar o foco dos problemas e focar nas possíveis soluções;
- Sempre que perceber que está tendo um pensamento negativo, diga três vezes "Cancelado! Cancelado! Cancelado!" e substitua este pensamento por um positivo. Você deve dizer isto em, no máximo, 17 segundos após o pensamento negativo, pois esse é o tempo para que uma forma-pensamento, desejada ou não, seja atraída para a sua vida.

É importante lembrar que o subconsciente não entende a diferença entre passado, presente e futuro, tampouco sabe diferenciar positivo de negativo, o que é bom do que é ruim. Então, sempre é preciso observar os seus pensamentos, para saturar o subconsciente de bons pensamentos saudáveis e afirmações com o uso de substantivo.

Demonstramos abaixo algumas das afirmações utilizadas na Terapia Quântica Aplicada:

- Eu sou... Eu sou o amor, a autoconfiança, a autoestima, a auto aceitação, o auto merecimento, a autovalorização, a coragem e a fé inabalável!

- Eu sou o amor incondicional, a gratidão, o merecimento, o perdão incondicional, a alegria e a felicidade!
- Eu sou a saúde perfeita, física, mental, emocional e espiritual!
- Eu sou a fartura, a fortuna, a abundância, a prosperidade, a riqueza, o sucesso, o progresso, a vitória e a glória!
- Eu sou parte do todo universal, eu sou a centelha divina, eu sou o meu eu superior, eu sou...

Observamos que você, leitor(a), pode e deve acrescentar as afirmações que fizerem sentidos para você.

CAPÍTULO 18
OS COMANDOS DE RESSIGNIFICAÇÃO DA TQA

18.1 A Estrutura do Comando de Ressignificação

Os comandos de reprogramação mental e energética são um dos pilares que sustentam a TQA – Terapia Quântica Aplicada e, por isso, precisa ser melhor estudada.

A seguir, vamos mostrar de maneira sequencial e estruturada o processo de construção, tanto para um comando de liberação quanto para um comando de ativação.

Faremos isso de forma ilustrativa para que você tenha a base e o entendimento dos comandos compactos que são utilizados nos processos de reprogramação do partilhante.

Os comandos são utilizados na reprogramação para liberação de crenças, sentimentos, emoções e implantes nocivos ao crescimento e desenvolvimento pessoal do partilhante.

1. Evocação da Fonte de Energia

Fonte da Luz Criadora de Tudo O que É; Criador de Tudo O que É; Deus; Vácuo Quântico; etc.

2. Orientação da Canalização da Energia

É Comandado; É Requerido; É Determinado; etc.

3. Explicitação da Ação Que Se Deseja

Seja Retirado do Campo; Seja Retirado dos Corpos Sutis; Seja Retirado da Onda de Informação; Seja Retirado; Seja Retirado do Núcleo da Consciência; etc.

4. Abrangência da Reprogramação

- Nível de Acesso (Primário, DNA, Histórico, e da Alma e Resolvido no Nível Histórico);
- Nível de Consciência (Conceitual, Do Saber e Comportamental) para que o comando de reprogramação tenha maior alcance, é necessário conhecer o conceito do sentimento. Uma vez que isso acontece, a pessoa passa a saber o que é e como deve se comportar nesse novo padrão que agora faz parte de sua consciência.

5. Ordenamento e Sustentação Energética

A ação é realizada:

- No mais alto nível;
- Da melhor maneira;
- Para o bem maior;
- De todos os envolvidos;
- Do Universo inteiro.

6. Agradecimento

Grato, grato, grato; Gratidão, gratidão, gratidão; Obrigado, obrigado, obrigado.

7. Efetivação

Está feito, está feito, está feito; está efetivado, está efetivado, está efetiva do; está realizado, está realizado, está realizado.

8. Testemunho

Mostre-nos; Apresente-nos; Revele-nos.

A programação e ativação de Sentimentos e Emoções de Alta Vibração seguem a mesma estrutura da sequência anteriormente mostrada, com exceção do Item 3, o qual deve ser estruturado, da seguinte maneira:

9. Explicitação da Ação que se Deseja

Seja baixado no campo; Seja canalizado ao campo; Seja implantado no núcleo da consciência; Seja gravado no campo; etc.

Há três maneiras mais usuais de se constatar e validar as reprogramações efetuadas:

- Testemunho intuitivo para aqueles praticantes que possuem a visão remota (clarividência/clariaudiência) desenvolvidos;
- Alteração da frequência cardíaca do praticante da TQA, percebida pela interação do praticante no acesso ao campo do partilhante, no instante imediatamente posterior ao comando;
- Teste cinestésico realizado pelo praticante junto ao partilhante ou a si mesmo, na forma de autoteste.

18.2 Os Comandos Compactos da TQA

Um dos grandes desafios de um terapeuta TQA é a construção dos comandos de reprogramação. Por essa razão, a fim de facilitar e melhorar o atendimento individual, foram desenvolvidos os comandos compactos. Esses comandos simplificam o atendimento, pois englobam vários grupos de comandos menores na sua construção e foram potencializados pelo uso da numerologia cabalística operativa.

Os comandos também abrangem mais de 90% dos casos de ressignificação que encontramos em momento de atendimentos individuais. São ainda independentes, podendo ser feita a aplicação de somente um comando ou de vários comandos de acordo com a necessidade do partilhante.

Na Figura 18.2.1, acessada por meio do QR code abaixo exposto, apresentamos a Tabela de Comandos Compactos TQA. Esses são os comandos utilizados no processo de reprogramação do partilhante em todas as modalidades de aplicação da TQA.

Agora vamos para a descrição de cada comando e sua aplicação.

Comando de Ancoramento TQA ANEN 11199

Este comando deve ser realizado antes de iniciar a etapa de reprogramação, e sua função é preparar o terapeuta, o partilhante e o ambiente para a realização da reprogramação. Este comando realiza o ancoramento energético e também forma a egrégora, que é a reunião de energias afins para preservação dos campos vibracionais dos envolvidos no atendimento. Esse comando é utilizado tanto na modalidade de autoaplicação quanto na aplicação em terceiros.

Comando de Fechamento TQA 11199

Este comando deve ser realizado após a finalização de toda a etapa de reprogramação, ou seja, após a realização de todos os comandos. Sua função é realizar o término do ancoramento energético para a correspondente liberação das energias residuais fruto do atendimento.

Comando de Liberação TQA EBVAD 121336

Este comando deve ser executado para se realizar a limpeza do campo vibracional de energias de baixa vibração e de alta densidade.

Comando de Liberação TQA CPAD 121336

Este comando deve ser executado para realizar a descrição (reverter o processo de criação) de contratos, pactos, acordos e decretos, firmados em existências passadas ou na atual e que não estão conectadas ao propósito crístico do partilhante nesta existência.

Comando de Liberação TQA EACI 121336

Este comando deve ser executado para realizar a limpeza no campo vibracional do partilhante, de equipamentos, aparelhos, chips ou implantes, e energias de baixa vibração e alta densidade conectados ao campo vibracional.

Comando de Liberação TQA DE 121336

Este comando deve ser executado para realizar a liberação de energias ruins, oriundas de quaisquer relacionamentos amorosos, interpessoais, profissionais e familiares, de existências passadas ou da atual.

Comando de Liberação TQA Limpeza 121336

Este comando deve ser executado para se realizar a limpeza do campo vibracional de uma vez, englobando os comandos EBVAD, CPAD, EACI e DE, anteriormente mostrados.

Comando de Liberação TQA DIIM 16131136

Este comando deve ser executado para realizar a retirada e liberação dos sentimentos do grupo de dúvidas, inseguranças, incertezas e medos do campo vibracional do partilhante.

Comando de Liberação TQA CVR 16131136

Este comando deve ser executado para se realizar a retirada e liberação dos sentimentos do grupo de culpa, vergonha e remorso do campo vibracional do partilhante.

Comando de Liberação TQA MROR 16131136

Este comando deve ser executado para realizar a limpeza dos sentimentos de mágoa, raiva, ódio, rancor e indiferença do campo vibracional do partilhante.

Comando de Liberação TQA TMAA 16131136

Este comando deve ser executado para realizar a retirada e liberação dos sentimentos do grupo de tristeza, melancolia, angústia e ansiedade do campo vibracional do partilhante.

Comando de Liberação TQA PROPRO 16131136

Este comando deve ser executado para se realizar a retirada e liberação de todos os protocolos e programas de envelhecimento que estejam em curso ou que possam vir a ser iniciados na vida do partilhante.

Comando de Liberação Completa TQA 121336

Este comando deve ser executado para se realizar todos os comandos de liberação de maneira agrupada e integrada.

Além dos comandos de liberação, apresentados acima, existem também os comandos de ativação dos sentimentos de alta calibração na Escala Hawkins do Nível de Consciência.

Comando de Ativação TQA CHACKRAS 171129

Este comando é o único que pode ser executado, diariamente, para harmonizar os 7 principais chackras. Os demais comandos, no entanto, seguirão o intervalo de 49 dias.

Comando de Ativação TQA FÉ 171129

Este comando deve ser realizado para baixar e ativar os sentimentos de autoamor, autoconfiança, autoestima, automerecimento, autoaceitação, autovalorização, coragem e fé inabalável no campo vibracional do partilhante.

Comando de Ativação TQA AMOR 171129

Este comando deve ser realizado para baixar e ativar os sentimentos de amor incondicional, aceitação e merecimento no campo vibracional do partilhante.

Comando de Ativação TQA PERDÃO 171129

Este comando deve ser realizado para baixar e ativar os sentimentos de autoperdão, perdão incondicional, aceitação e merecimento no campo vibracional do partilhante.

Comando de Ativação TQA GRATIDÃO 171129

Este comando deve ser realizado para baixar e ativar os sentimentos de gratidão, de alegria e de felicidade plena no campo vibracional do partilhante.

Comando de Ativação TQA Alma GÊMEA 171129

Este comando deve ser executado quando o partilhante deseja encontrar sua alma gêmea. Será programado no campo vibracional do partilhante para que se apresente a sua alma gêmea mais compatível.

Comando de Ativação TQA ARQUÉTIPOS 171129

Este comando deve ser executado para baixar e ativar em conjunto as seguintes consciências arquetípicas: da sabedoria, do empreendedor de sucesso, do gestor de sucesso, do comunicador de sucesso, da liderança nível 5, do vendedor de sucesso, da execução multitarefa, do foco e disciplina para execução, da proatividade e da perseverança, do sagrado masculino ou feminino, do TAO, da vida saudável, da cocriação com o Universo, da atração e multiplicação do dinheiro.

Comando de Ativação TQA DNA 171129

Este comando deve ser realizado para reparar, baixar e ativar a estrutura de DNA do partilhante conforme o grau de expansão da sua consciência.

Comando de Mudança TQA VÍCIO 171129

Este comando deve ser realizado para alterar a consciência do partilhante para uma realidade alternativa que inexistam quaisquer tipos de vícios, compulsões ou dependências químicas. Desde que seja detectada a causa raiz do vício.

Comando de Ativação TQA SENTIMENTOS 171129

Este comando deve ser realizado para baixar e ativar todos os comandos de ativação de sentimentos de elevada calibração na Escala Hawkins de maneira agrupada e integrada.

Comando de Ativação TQA LEITURA DINÂMICA 171129

Este comando deve ser executado para programação da consciência para potencialização da leitura dinâmica.

Comando de Ativação TQA POLIGLOTA 171129

Este comando deve ser executado para a programação das consciências arquetípicas dos linguistas e do poliglota.

Comando de Ativação COMPLETA TQA 171129

Este comando deve ser realizado para executar todos os comandos de ativação de maneira instantânea, agrupada e integrada no campo vibracional do partilhante.

O comando compacto deve ser executado, dizendo em voz alta ou em silêncio:

Na autoaplicação, "Execute-se no meu campo vibracional o Comando de..." ou se for para um terceiro, "Execute-se no campo vibracional de 'Fulano de Tal', o Comando de...", sendo assim, o comando é executado e efetivado.

18.3 Casos Práticos de Atendimento da TQA - Terapia Quântica Aplicada

Como o estudo e a aplicação prática da TQA - Terapia Quântica Aplicada – envolve diversos fatores e alguns elementos necessários ao seu funcionamento, reunimos aqui alguns casos práticos que vão contribuir para que você realize a associação entre a teoria apresentada e aplicação prática da técnica. Com isso, poderá evoluir com os seus atendimentos e, assim, alcançar resultados positivos no uso da ferramenta.

Sendo assim, foram escolhidos 20 casos práticos, focando os seguintes tipos de problemas:

- Problemas de ordem física;
- Problemas de relacionamento interpessoal e amoroso;

- Problemas de ordem profissional e financeira;
- Problemas de ordem mental e emocional.

18.3.1 Casos Relacionados a Problemas de Ordem Física.

- **Caso 1** - Criança de 10 anos;
- **Queixa** - Alergia (reação aguda com fechamento de glote) à maioria dos alimentos, incluindo frutas comuns, tais como: maçã, banana e pera.
- **Vetor** - Hiperatividade do chakra cardíaco, regulador da Glândula Timo, promovendo a hipersensibilidade do seu Sistema Imunológico.
- **Entrevista** - Ao conversar com a criança de maneira espontânea, ela relatou uma discussão entre o pai e a tia materna (sua madrinha) de quem gostava muito. Após esta discussão, a criança foi proibida pelo pai de ver e conversar com a madrinha.
- **Aplicação da TQA** - Reprogramação dos sentimentos de medo, raiva e rancor pelo pai, assim como da tristeza, melancolia e angústia gerados pela separação.
- **Resultado** - A criança deixou de ter as reações alérgicas e retomou a sua alimentação normal.

Caso 2 – Arquiteta de 28 anos;

- **Queixa** - Tendinite nos pulsos, dificultando/impedindo o seu trabalho com o *mouse* do computador.
- **Vetor** - Sentimento de autodepreciação aguda provocado por sentimento de culpa e remorso, canalizando esses sentimentos no movimento dos pulsos.
- **Entrevista** - Ao conversar com a partilhante, ela relatou que cerca de 6 meses antes do atendimento ela estava passeando com seu cachorrinho em seus braços. Em algum momento do passeio, o cachorrinho

pulou, correu para a rua e infelizmente acabou sendo atropelado e veio a morrer em seus braços.

- **Aplicação da TQA** - Reprogramação dos sentimentos de culpa, remorso e rancor de si mesma.
- **Resultado** - A partilhante deixou de sentir dores e, em uma semana, estava completamente livre da tendinite.

Caso 3 – Mulher 40 anos;

- **Queixa** - Hérnia de disco avançada, desgaste de duas vértebras, a C3 e a C4, e com pressão crescente do canal da medula. Em fase de agendamento e preparação de cirurgia com neurocirurgião.
- **Vetor** - Autodepreciação crônica, aliada a sentimentos de mágoa, rejeição e rancor.
- **Entrevista** - Ela sofreu por sua mãe preferir a irmã mais velha, sendo que o gatilho para a somatização foi a mãe dar uma bota da Xuxa em couro para sua irmã e, para ela, uma bota de plástico.
- **Aplicação da TQA** - Reprogramação geral dos sentimentos de medo, culpa, rejeição, raiva, tristeza e angústia pela mãe e pela irmã, fazendo o download de sentimentos de autoamor, de pertencimento, de merecimento, de gratidão, perdão e alegria.
- **Resultado** - Ela deixou de ter dores e o cirurgião, após exame de imagem, suspendeu a intervenção cirúrgica.

Caso 4 – Mulher 42 anos;

- **Queixa** - Caso de Vitiligo, com espalhamento das manchas por todo o corpo.
- **Vetor** - Hiperatividade do chakra cardíaco, regulador da Glândula Timo, promovendo a hipersensibilidade do seu Sistema Imunológico. Autodepreciação crônica, aliada a sentimentos de mágoa, rejeição e rancor.

- **Entrevista** - Ela sofreu muito, por seu pai ter sido alcoólatra e sua mãe ser submetida a um tratamento abusivo, não se sentia pertencente à sua família e com sentimento total de baixo autoamor e ansiedade.
- **Aplicação da TQA** - Reprogramação geral dos sentimentos de medo, culpa, rejeição, raiva, tristeza e angústia pelo pai e mãe, fazendo o *download* de sentimentos de autoamor, de pertencimento, de merecimento, de gratidão, perdão e alegria.
- **Resultado** - Ela aumentou sua autoconfiança, desenvolveu o autoamor, a sua autoestima e sentimento de pertencimento, tendo evoluído o seu quadro para o desaparecimento progressivo das manchas ao longo dos meses subsequentes ao atendimento.

Caso 5 – Mulher 46 anos;

- **Queixa** - Caso de câncer de mama nos dois seios simultaneamente, em vias do início das sessões de quimioterapia para mastectomia radical após a finalização da quimio.
- **Vetor** - Autodepreciação crônica, aliada a sentimentos de mágoa, rejeição e rancor, tanto com relação ao seu pai quanto com relação à sua mãe.
- **Entrevista** - Ela sofreu muito, por ter sido abandonada pelos seus pais na infância e ter que assumir a responsabilidade da criação e de cuidar de seus irmãos mais novos, assim como sobrinhos futuramente, desde muito nova, com seu papel na família deslocado e desconexão consigo mesma.
- **Aplicação da TQA** - Reprogramação geral dos sentimentos de medo, culpa, rejeição, raiva, tristeza e angústia pela mãe e pelo pai, fazendo o download de sentimentos de autoamor, de pertencimento, de merecimento, de gratidão, perdão e alegria.
- **Resultado** - Ela aumentou sua autoconfiança, desenvolveu o autoamor, a sua autoestima e sentimento de pertencimento. Houve a diminuição dos tumores para menos de 10% do seu tamanho original

quando diagnosticados. Tudo isto aconteceu antes do 2º Ciclo da Quimioterapia.

18.3.2 Casos Relacionados a Problemas de Relacionamento Interpessoal e Amoroso.

Caso 6 – Homem 37 anos;

- **Queixa** - Vida amorosa instável (vários relacionamentos), insatisfação com a vida, depressão, vida profissional e financeira paralisada.
- **Vetor** - Autodepreciação crônica, autossabotagem, aliada a sentimentos de mágoa, culpa, remorso, rejeição e rancor.
- **Entrevista** - Além das questões ligadas ao relacionamento com pai e mãe, este partilhante foi policial ativo do BOPE. Ao longo de sua carreira, matou doze marginais, sendo que os dois últimos com requintes de crueldade em vingança ao assassinato de um colega de farda.
- **Aplicação da TQA** - Reprogramação geral dos sentimentos de medo, culpa, remorso, autodepreciação, pelos seus atos e rejeição, raiva, tristeza e angústia pela mãe e pelo pai, fazendo o *download* de sentimentos de autoamor, de pertencimento, de merecimento, de gratidão, perdão e alegria.
- **Resultado** - Ele conseguiu se estabilizar em um relacionamento, inclusive com a sua ex-esposa, com quem reatou nos meses após o atendimento. Ele também começou a prosperar profissional e financeiramente, iniciando a construção de patrimônio junto à sua companheira.

Caso 7 – Mulher 29 anos;

- **Queixa** - Vida amorosa instável (vários relacionamentos), tratamento abusivo pelo atual parceiro, insatisfação com a vida, depressão.
- **Vetor** - Autodepreciação, autossabotagem, aliada a sentimentos de mágoa, culpa, e rancor.

- **Entrevista** - Julgamento e crítica, sentimentos de pena e de desprezo pela mãe, pelo tratamento abusivo recebido pelo pai, mágoa, rancor e raiva pelo pai.
- **Aplicação da TQA** - Reprogramação geral dos sentimentos de medo, autodepreciação, assim como, pena, desprezo, rejeição, raiva, tristeza e angústia pela mãe e pelo pai, fazendo o *download* de sentimentos de autoamor, de pertencimento, de merecimento, de gratidão, perdão e alegria. Realização do divórcio energético com todos os seus parceiros, incluindo o atual.
- **Resultado** - Ela conseguiu elevar a sua autoestima, assim como, a sua energia vital, saiu do seu relacionamento abusivo, cerca de 60 dias pós-atendimento, encontrou um parceiro completamente compatível e, como efeito extra do atendimento, a sua vida financeira começou a evoluir rapidamente.

Caso 8 – Mulher 35 anos;

- **Queixa** - Vida amorosa instável (vários relacionamentos), insatisfação com a vida, depressão.
- **Vetor** - Autodepreciação, autossabotagem, aliada a sentimentos de mágoa e rancor, energia vital deslocada para yang.
- **Entrevista** - Julgamento e crítica, sentimentos de pena e de desprezo pela mãe pelo tratamento abusivo recebido pelo pai, mágoa, rancor e raiva pelo pai.
- **Aplicação da TQA** - Reprogramação geral dos sentimentos de medo, autodepreciação, assim como, pena, desprezo, rejeição, raiva, tristeza e angústia pela mãe e pelo pai, fazendo o *download* de sentimentos de autoamor, de pertencimento, de merecimento, de gratidão, perdão e alegria. Realização do divórcio energético com todos os seus parceiros, incluindo o atual. Deslocamento da energia para a energia feminina (*yin*).
- **Resultado** - Ela conseguiu elevar a sua autoestima e energia vital, logo após o atendimento, ainda em período de catarse, encontrou um parceiro completamente compatível e, como efeito extra do atendimento, concebeu naturalmente e deu à luz a gêmeos.

Caso 9 – Mulher 31 anos;

- **Queixa** - Vida amorosa instável (vários relacionamentos com términos turbulentos e conflituosos), desconexão total pelo atual parceiro, insatisfação com a vida, depressão.
- **Vetor** - Autodepreciação, autossabotagem, aliada a sentimentos de mágoa, culpa, e rancor.
- **Entrevista** - Julgamento e crítica, sentimentos de pena e de desprezo pela mãe pelo tratamento abusivo dado ao pai, mágoa, rancor e pena pelo pai.
- **Aplicação da TQA** - Reprogramação geral dos sentimentos de medo, autodepreciação, assim como pena, desprezo, rejeição, raiva, tristeza e angústia pela mãe e pelo pai, fazendo o *download* de sentimentos de autoamor, de pertencimento, de merecimento, de gratidão, perdão e alegria. Realização do divórcio energético com todos os seus parceiros, incluindo o atual.
- **Resultado** - Ela conseguiu descobrir o seu auto amor, elevar a sua autoconfiança, assim como a sua energia vital, saiu do seu atual relacionamento, cerca de 120 dias depois do atendimento, encontrou seu parceiro totalmente compatível e, como efeito extra do atendimento, a sua vida profissional destravou.

Caso 10 – Mulher 43 anos;

- **Queixa** - Vida amorosa instável (vários casos extraconjugais com términos turbulentos e conflituosos), desconexão total com o marido, insatisfação com a vida, depressão.
- **Vetor** - Autodepreciação, autossabotagem, aliada a sentimentos de mágoa, culpa, remorso e rancor.
- **Entrevista** - Julgamento e crítica: Sentimentos de pena e desprezo pela mãe devido ao tratamento abusivo dado ao pai. Mágoa, rancor e pena em relação ao pai. Além disso, foi abusada repetidamente pelo avô materno durante grande parte da puberdade e adolescência.

Houve um deslocamento de sua energia vital para a energia masculina (*yang*).

- **Aplicação da TQA** - Reprogramação geral dos sentimentos de medo, autodepreciação, nojo, ódio, culpa e remorso pelo avô, assim como, pena, desprezo, rejeição, raiva, tristeza e angústia pela mãe e pelo pai, fazendo o *download* de sentimentos de autoamor, de pertencimento, de merecimento, de gratidão, autoperdão, perdão e alegria. Realização do divórcio energético com todos os seus ex-parceiros, com exceção de seu marido. Deslocamento da energia vital para a energia *yin*.

- **Resultado** - Ela conseguiu descobrir o seu autoamor, elevar a sua autoconfiança, assim como a sua autoestima e a sua energia vital, conseguiu enxergar o seu marido como seu parceiro totalmente compatível, se apaixonou por ele e hoje vivem felizes com plenitude e, como efeito extra do atendimento, a vida profissional e financeira do casal destravou e exponenciou.

18.3.3 Casos Relacionados a Problemas de Ordem Profissional e Financeira.

Caso 11 – Mulher 39 anos;

- **Queixa** - Depressão profunda, medo da pobreza, pavor do desemprego.
- **Vetor** - Autodepreciação crônica, autossabotagem, aliada a sentimentos de mágoa, rejeição e rancor.
- **Entrevista** - Relacionamentos amorosos abusivos, instabilidade financeira, ressentimento em relação ao pai e à mãe. Além disso, a entrevistada tem uma filha de 16 anos e recebeu a notícia de que seria demitida de seu emprego como porteira de edifício no dia seguinte.
- **Aplicação da TQA** - Reprogramação geral dos sentimentos de medo, culpa, rejeição, raiva, tristeza e angústia pela mãe e pelo pai, fazendo o *download* de sentimentos de autoamor, de pertencimento, de merecimento, de gratidão, perdão e alegria.

- **Resultado** – 10 dias depois do atendimento, ela realizou a prova do CRECI para se tornar corretora de imóveis. E, surpreendentemente, apenas 29 dias após o atendimento, conseguiu vender um apartamento, recebendo uma comissão equivalente a 18 salários de porteira.

Caso 12 – Homem 54 anos;

- **Queixa** - Procrastinação, altos e baixos financeiros, ansiedade e angústia.
- **Vetor** - Autossabotagem, aliada a sentimentos de mágoa, rejeição e rancor, medo da solidão, medo da pobreza e da falência.
- **Entrevista** - Sentimento de pobreza com o pai e trabalho com a mãe, relacionamentos amorosos instáveis, altos e baixos financeiros, rancor do pai e da mãe.
- **Aplicação da TQA** - Reprogramação geral dos sentimentos de medo, culpa, rejeição, raiva, tristeza e angústia pela mãe e pelo pai, fazendo o *download* de sentimentos de autoamor, de pertencimento, de merecimento, de gratidão, perdão e alegria.
- **Resultado** - Ele conseguiu dar o salto quântico, recuperou as suas duas empresas e vive, hoje, uma fase de prosperidade plena.

Caso 13 – Mulher de 49 anos;

- **Queixa** - Procrastinação, altos e baixos financeiros, ansiedade e angústia, vício tabagismo.
- **Vetor** - Autossabotagem, aliada a sentimentos de mágoa, rejeição e rancor, medo da solidão, medo da pobreza e da falência.
- **Entrevista** - Sentimento de rancor com o pai e com a mãe, relacionamentos amorosos instáveis, altos e baixos financeiros.
- **Aplicação da TQA** - Reprogramação geral dos sentimentos de medo, culpa, rejeição, raiva, tristeza e angústia pela mãe e pelo pai, fazendo o *download* de sentimentos de autoamor, de pertencimento, de merecimento, de gratidão, perdão e alegria. Reprogramação da

mudança de consciência para uma realidade alternativa com ausência do vício.

- **Resultado** - Ela conseguiu dar o salto quântico, recuperou seus negócios e sua vida amorosa. Hoje, vive livre do vício.

Caso 14 – Mulher de 36 anos;

- **Queixa** - Procrastinação, altos e baixos financeiros, ansiedade e angústia, desempregada há meses.
- **Vetor** - Autossabotagem, aliada a sentimentos de mágoa, rejeição e rancor, medo da solidão, medo da pobreza e da falência.
- **Entrevista** - Sentimento de rancor pelo pai alcoólatra e desprezo/ pena pela mãe, por ser submissa ao pai no relacionamento abusivo, altos e baixos financeiros.
- **Aplicação da TQA** - Reprogramação geral dos sentimentos de medo, culpa, rejeição, raiva, tristeza e angústia pela mãe e pelo pai, fazendo o *download* de sentimentos de autoamor, de pertencimento, de merecimento, de gratidão, perdão e alegria.
- **Resultado** - Ela conseguiu dar o salto quântico e, apenas três dias após o seu atendimento, conseguiu um emprego muito melhor que todos os outros trabalhos já realizados em sua vida.

Caso 15 – Homem 32 anos;

- **Queixa** - Procrastinação, dificuldade de concentração, baixa energia para realização, desvio de foco quando próximo aos seus objetivos.
- **Vetor** - Autodepreciação, autossabotagem provocada por sentimentos de não merecimento, aliada a sentimentos de mágoa, rejeição e rancor, tanto com relação ao seu pai quanto com relação à sua mãe.
- **Entrevista** - Percebeu-se um grande sofrimento, em razão de discussões constantes em sua casa durante a sua infância, devido às questões financeiras entre o seu pai e sua mãe, assim como um ambiente de escassez e de permanente conflito.

- **Aplicação da TQA** - Reprogramação geral dos sentimentos de medo, culpa, rejeição, raiva, tristeza e angústia pela mãe e pelo pai, fazendo o *download* de sentimentos de autoamor, de pertencimento, de merecimento, de gratidão, perdão e alegria.
- **Resultado** - Ele desenvolveu o seu autoamor, a sua autoestima, aumentou sua autoconfiança e o seu sentimento de pertencimento e de merecimento, se permitiu refazer a sua conexão com pai e mãe, conseguindo em 60 dias ser aprovado em um concurso público federal.

18.3.4 Casos Relacionados a Problemas de Ordem Mental e Emocional.

Caso 16 – Mulher 48 anos;

- **Queixa** - Depressão profunda, falta de libido e de orgasmos (nunca havia sentido).
- **Vetor** - Autodepreciação crônica, aliada a sentimentos de mágoa, rejeição e rancor.
- **Entrevista 1** - Abuso sexual do pai desde os 11 anos de idade até os 23. Ódio e nojo do pai, assim como raiva/rancor pela mãe permissiva, culpa e remorso pela situação.
- **Aplicação da TQA** - Reprogramação geral dos sentimentos de medo, culpa, rejeição, raiva, tristeza e angústia pela mãe e pelo pai, fazendo o *download* de sentimentos de autoamor, de pertencimento, de merecimento, de gratidão, perdão e alegria.
- **Resultado** - Ela voltou com as mesmas queixas 49 dias depois, sem nenhum resultado.

Caso 16 – Mulher 48 anos (Continuação);

- **Queixa** - Depressão profunda, falta de libido e de orgasmos (nunca havia sentido).
- **Vetor** - Autodepreciação crônica, aliada a sentimentos de mágoa, rejeição e rancor.

- **Entrevista 2** - Ficou grávida aos 16 anos do pai abusador e fez um aborto clandestino, sentiu-se muito culpada, com vergonha e remorso por ter tirado a vida do filho.
- **Aplicação da TQA** - Reprogramação geral dos sentimentos de medo, culpa, remorso, rejeição, raiva, tristeza e angústia pela mãe e pelo pai, fazendo o *download* de sentimentos de autoamor, de pertencimento, de merecimento, de gratidão, autoperdão, perdão incondicional e alegria.
- **Resultado** - Energização total, desaparecimento total da depressão, surgimento da libido e alcance de orgasmos na relação sexual com o marido.

Caso 17 – Homem 36 anos;

- **Queixa** - Depressão profunda, pensamentos suicidas, acidentes inexplicáveis graves e com sequelas físicas.
- **Vetor** - Autodepreciação crônica, aliada a sentimentos de culpa, rejeição e rancor.
- **Entrevista** - Ele foi criado sem conhecer o pai, sofreu abuso sexual por alguns colegas de escola na puberdade, recorrência de acidentes pessoais e de trânsito, os quais provocaram sequela de movimento e cegueira de um olho. O partilhante relatou que sua mãe, no momento do parto, correu risco de vida e quase veio a óbito, o que levou à identificação do sentimento de não merecimento pela sua vida e de se colocar inconscientemente sempre em risco.
- **Aplicação da TQA** - Reprogramação geral dos sentimentos de medo, culpa, remorso, rejeição, raiva, tristeza e angústia pela mãe e pelo pai, fazendo o *download* de sentimentos de autoamor, de pertencimento, de merecimento, de gratidão, de autoperdão, de perdão e de alegria.
- **Resultado** - Ele encontrou-se, conseguiu ressignificar a sua vida, a depressão desapareceu, os pensamentos suicidas se foram e, hoje, consegue viver de maneira confiante, grata e feliz.

Caso 18 – Mulher 41 anos;

- **Queixa** - Depressão profunda (15 anos), total falta de energia para o trabalho e sem vontade de viver.
- **Vetor** - Autodepreciação crônica, aliada a sentimentos de não merecimento, mágoa e rancor.
- **Entrevista** - Estava dirigindo na estrada, no carro estavam a sua filha mais velha, seu filho bebê e sua irmã mais nova. Devido a uma manobra de volante, o veículo capotou e, no acidente, vieram a óbito sua irmã mais nova e seu filho bebê. Ela nunca se perdoou pelo acidente e pelas perdas, uma vez que estava ao volante e considerava-se culpada. Sentia remorso pelas mortes de seu bebê e de sua irmã mais nova.
- **Aplicação da TQA** - Reprogramação geral dos sentimentos de medo, culpa, remorso, raiva, tristeza e angústia pelo fato, fazendo o download de sentimentos de autoamor, de pertencimento, de merecimento, de gratidão, de autoperdão e de alegria.
- **Resultado** - Energização total, desaparecimento total da depressão, surgimento dos sentimentos de autoamor, de autoperdão, de gratidão e de felicidade. Hoje essa partilhante é terapeuta holística e trabalha com as ferramentas energéticas.

Caso 19 – Mulher 28 anos;

- **Queixa** - Depressão profunda, total falta de energia para o trabalho, desorientação e total falta de vontade de viver.
- **Vetor** - Autodepreciação crônica, aliada a sentimentos de não merecimento, mágoa e rancor.
- **Entrevista** - Conflito constante e desprezo para com a sua mãe por suportar um relacionamento abusivo por parte do pai, inclusive tendo o seu pai envolvido a partilhante em uma negociação, que sujou o seu nome, prejudicando enormemente a sua vida profissional. Dessa maneira, desenvolveu um sentimento de grande mágoa, desprezo e ódio pelo pai.

- **Aplicação da TQA** - Reprogramação geral dos sentimentos de medo, culpa, remorso, raiva, tristeza e angústia tanto em relação ao pai quanto à mãe, realizando o download de sentimentos de autoamor, pertencimento, merecimento, gratidão, autoperdão e alegria.
- **Resultado** - Total energização, desaparecimento total da depressão, surgimento dos sentimentos de autoamor, autoperdão, gratidão e de felicidade. Hoje essa partilhante está trabalhando e segue com sua vida de maneira confiante e feliz.

Caso 20 – Homem 31 anos;

- **Queixa** - Depressão profunda, sem energia para o trabalho, desorientação, total falta de vontade de viver e viciado em bebida e em maconha.
- **Vetor** - Autodepreciação crônica, aliada a sentimentos de não merecimento, mágoa e rancor.
- **Entrevista** - Conflito constante e desprezo pela mãe por suportar um relacionamento abusivo pelo pai, inclusive tendo o seu pai sido muito violento com a família e com a mãe toda a vida. Dessa maneira, desenvolveu um sentimento de grande mágoa, desprezo e ódio para com o seu pai, além de pena e desprezo pela mãe.
- **Aplicação da TQA** - Reprogramação geral dos sentimentos de medo, culpa, desprezo, pena, remorso, raiva, tristeza e angústia com o pai e a mãe, fazendo o download de sentimentos de autoamor, de pertencimento, de merecimento, de gratidão, de autoperdão, de perdão e de alegria. Deslocada a consciência do partilhante para uma realidade alternativa onde inexistia qualquer vício.
- **Resultado** - Total energização, desaparecimento total da depressão, deixou o uso da maconha, parou de beber, surgimento dos sentimentos de autoamor, de autoperdão, de gratidão e de felicidade. Hoje esse partilhante está trabalhando, conseguiu estabelecer-se em um relacionamento amoroso saudável e segue com sua vida de maneira grata e feliz.

CAPÍTULO 19
O USO DO PÊNDULO RADIESTÉSICO

19.1 O Que É A Radiestesia

A Radiestesia é uma Abordagem Metafísica milenar encontrada desde o Antigo Egito, onde foram encontrados numerosos pêndulos no Vale dos Reis. Passou pela China, onde era utilizada para encontrar fontes de água. Chegou até à construção de Roma que teve sua localização escolhida por um radiestesista de origem etrusca (região onde hoje fica a Toscana, no centro da Itália).

A Radiestesia pode ser descrita como a arte de sensibilizar com radiações. A palavra Radiestesia vem do grego *radius* = radiações + latim *aeshtesis* = sensibilidade.

Para sua aplicação prática, a Radiestesia utiliza-se de instrumentos e ferramentas que funcionam como uma espécie de antena amplificadora da resposta emitida pelo sistema nervoso do operador, a partir da captação do sinal emitido pelas diversas consciências conectadas ao tema a ser analisado.

As informações são recebidas pelo sistema nervoso do operador, passando depois pelo seu corpo, e se apresentando em forma de micromovimentos involuntários que são amplificados no instrumento radiestésico, que pode ser o pêndulo ou outros.

Essa manifestação pode se dar, no caso do pêndulo, por movimentos em sentido horário, anti-horário, para frente ou para trás.

A partir da coleta de informações pelos instrumentos utilizados, as respostas obtidas são interpretadas e podem ser utilizadas para:

- Diagnósticos de saúde;

- Prospecções minerais;
- Localização de veios de água;
- Localização de pessoas e objetos perdidos, entre diversas outras possibilidades.

Observando o mecanismo de funcionamento da investigação radiestésica percebemos que esta pesquisa só é possível, porque o operador entra em sintonia ou ressonância com os objetos em estudo.

O sistema neuromuscular do operador emite impulsos involuntários que provocam os movimentos do instrumento radiestésico. A Figura 19.1.1 mostra uma representação gráfica do funcionamento desse conjunto, o qual envolve:

- Objeto de Estudo – Transmissor;
- O cérebro do Operador – Receptor;
- O Instrumento Radiestésico – Antena Amplificadora.

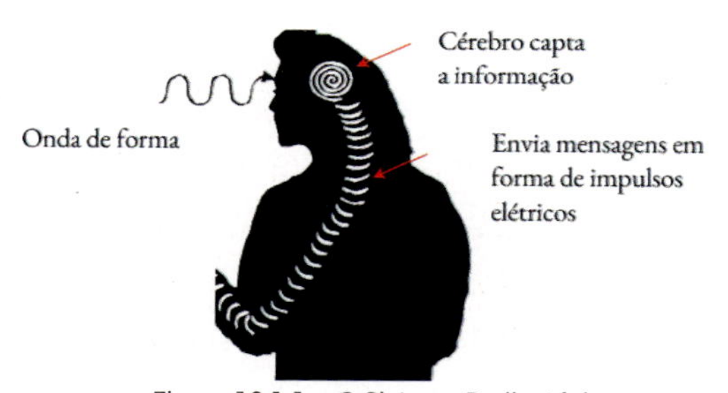

Figura 19.1.1 – O Sistema Radiestésico.

Na Radiestesia, temos diversos instrumentos e ferramentas, os quais são utilizados para se efetuar as leituras radiestésicas. Para nosso estudo, vamos nos concentrar no Pêndulo Radiestésico.

O Pêndulo Radiestésico

É composto de um peso ligado a um fio flexível, pouco importando o material de que é feito, de modo que, praticamente, qualquer material pode ser utilizado como Pêndulo em Radiestesia. No entanto, quanto mais isométrico for este objeto, e quanto mais próximo o fio estiver suspendendo-o pelo seu centro de gravidade, maior será a eficácia da análise.

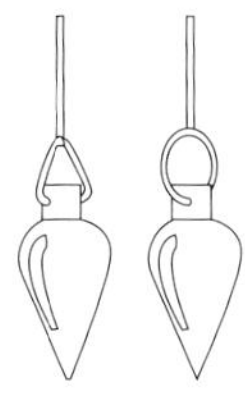

Figura 19.1.2 – O Pêndulo Radiestésico.

Os pêndulos podem ser utilizados de maneira individual ou de maneira combinada.

Neste capítulo, vamos estudar o uso do pêndulo radiestésico e suas principais aplicações naquilo que serve como apoio à TQA Terapia Quântica Aplicada.

Ao estudante que tem interesse em se aprofundar nos estudos desta área de conhecimento, o Instituto TQA Brasil oferece diversos cursos de capacitação. Além de possuir um módulo dedicado a radiestesia no Curso Quântica Para Todos, para aplicação da Terapia Quântica Aplicada, também oferece o Curso Radiestesia Para Todos dentro de sua grade, para aqueles que desejam se tornar um radiestesista profissional.

Vejamos agora um exemplo bem interessante do uso do pêndulo radiestésico. Em uma cidade do interior do Brasil, um construtor fazia casas para vender há mais de 15 anos. Cada casa construída era vendida em um prazo médio de 2 meses.

Tudo corria normalmente bem até que ele percebeu que uma de suas casas estava demorando muito a ser vendida. Já estava há mais de 2 anos sem vender após o término de sua construção.

Fui convidado, então, a investigar. No processo, descobri que, no momento da urbanização daquela região, a árvore matriarca da mata foi cortada, e a elemental da floresta (Dríade) que habitava essa árvore ficou inconformada. Por isso, impediu a evolução de qualquer tipo de negociação e comercialização do imóvel construído no lote onde estava a correspondente árvore.

Nesse curioso caso, foi necessária a compensação com o plantio de três novas árvores no lote onde a casa foi construída. Após o plantio das novas árvores, a casa foi comercializada em um prazo de aproximadamente 30 dias.

Um outro exemplo foi de um garoto de oito anos. Mesmo muito novinho, começou a apresentar pânico de chuva e de que sua mãe morresse e o deixasse. Já não conseguia dormir, tampouco sair de casa.

Fiz a investigação radiestésica do caso e percebi que o antigo morador do apartamento, onde o garotinho e sua família moravam, era um piloto de avião que havia falecido em um acidente aéreo causado por uma tempestade. Por infelicidade, naquele voo, o piloto tinha como passageiros o seu pai e a sua mãe, a quem era muito ligado em vida.

Esse piloto, que havia sido morador do apartamento, não conseguiu ascender para os planos superiores e, por culpa e remorso, ficou preso no quarto que, agora, era do garoto.

Após o encaminhamento do espírito em sofrimento, o garoto equilibrou-se e as crises de pânico acabaram.

Esse e muitos outros casos já foram resolvidos com a aplicação da Radiestesia.

19.2 Quântica vs. Radiestesia

A Quântica é a área do conhecimento que estuda o comportamento das partículas subatômicas e o comportamento dual matéria vs. onda. Da mesma sorte, a Radiestesia, assim como todos os instrumentos utilizados em sua abordagem, também funcionam em cima dos princípios da Mecânica Quântica.

Dessa maneira, observamos que, a partir da aplicação da Radiestesia, é possível:

- Analisar um estado energético de um corpo, de uma consciência, de um objeto, de um ambiente e outros;
- Pela questão quântica da vibração, frequência, energia e geometria, é possível a movimentação energética a partir de algumas estruturas geométricas, na forma de gráficos radiestésicos, os quais são utilizados para este fim.

Existem outras ferramentas de apoio dentro do estudo da Radiestesia e que potencializam o esforço de análise como os Gráficos Radiestésicos. Estes Gráficos Radiestésicos são desenhados e construídos a partir de algumas formas geométricas que têm como objetivo tratar as energias de objetos e/ou ambientes, cuja energia não esteja compatível com o que se deseja.

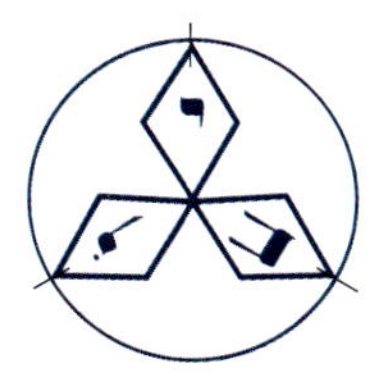

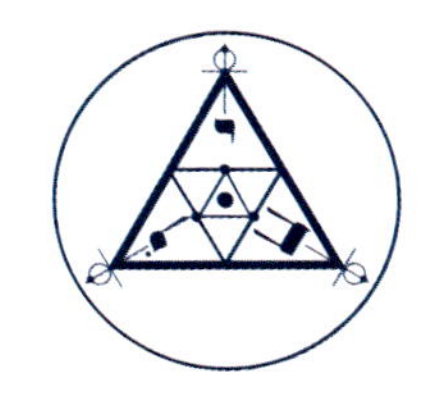

Compensador Mindtron   SCAP- (Símbolo compensador André Philippe)   Turbilhão com Prosperador

Figura 19.2.1 – Exemplo de Gráficos Radiestésicos.

Na maioria das vezes, utilizamos o pêndulo para perguntas que têm respostas Sim e Não, ou Positivo e Negativo. Existem ainda alguns outros gráficos que podem ampliar e potencializar o seu uso nas diversas avaliações energéticas.

O Gráfico Diagnóstico mostrado na Figura 19.2.2. permite ampliar a capacidade investigativa por meio do pêndulo, pois ele possui vários marcadores e escalas, que permitem ao operador uma maior rapidez e assertividade no processo investigativo.

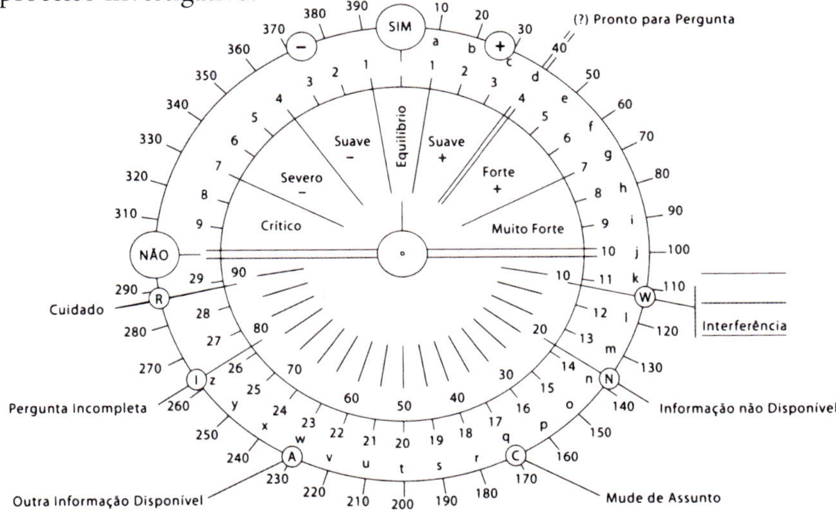

Figura 19.2.2 – Gráfico Radiestésico Para Diagnóstico.

É importante ainda observar que existe um grande número de Gráficos de Diagnósticos Radiestésicos para a realização de leituras. No nosso estudo vamos utilizar somente alguns modelos, mais pertinentes ao apoio da TQA. Sendo assim, os Gráficos Diagnóstico mostrados na Figura 19.2.3, devem ser utilizados de maneira combinada, a fim de se fazer a análise e diagnóstico dos níveis de energia dos Chakras do partilhante em atendimento.

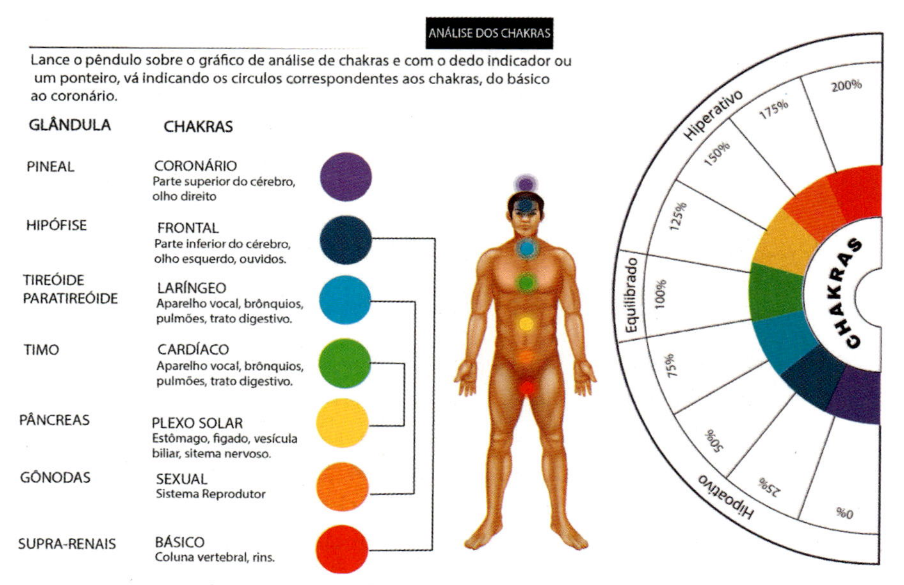

Figura 19.2.3 – Gráficos Combinados para Análise de Chakras.

Por outro lado, o Gráfico Diagnóstico, mostrado na Figura 19.2.4, deve ser utilizado para determinar o nível de calibração de sentimentos à luz da Escala Hawkins, no qual o partilhante em atendimento está vibrando.

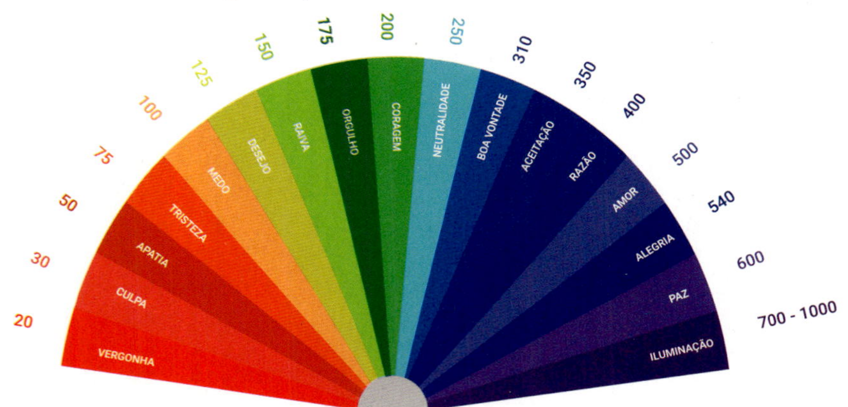

Figura 19.2.4 - Gráfico Diagnóstico da Escala Hawkins.

19.3 Aplicações da Radiestesia

Passemos agora a uma análise da aplicabilidade da radiestesia, por meio de um caso concreto.

Numa loja próspera de venda de chocolates localizada em um shopping. Seu crescimento era acelerado e consistente até que, de repente, a loja teve as suas vendas paralisadas praticamente a zero, uma queda de mais de 90% no faturamento, sem nenhuma explicação do ponto de vista de gestão.

A investigação foi feita e demonstrou a existência de uma ação maldosa da concorrência e envio de energias negativas para prejudicar a loja de chocolates.

Após a limpeza das energias, o faturamento da empresa foi completamente restaurado aos níveis anteriores ao do momento da redução brusca.

A Radiestesia e suas análises energéticas podem, portanto, ser utilizadas nos mais variados campos da vida humana.

No campo de análise de influências multidimensionais sobre o campo vibracional do ser humano

- Detecção e análise de equipamentos, aparelhos, chips e implantes multidimensionais instalados no campo vibracional da pessoa sob análise.
- Detecção e análise da influência de seres e raças multidimensionais e suas energias como, por exemplo: magos negros, reptilianos, draconianos, *grays*, insetoides, felinos e outros, os quais estejam atuando sobre o campo vibracional de um indivíduo sob estudo.
- Análise da avaliação do nível energético do campo vibracional da pessoa sob estudo.
- Análise e avaliação do contorno e extensão da aura de objetos e seres vivos, inclusive o ser humano.
- Análise da avaliação do fluxo energético da energia vital por meio dos meridianos e chakras da pessoa sob estudo.
- Análise a avaliação do alinhamento vibracional energético dos chakras do ser humano, quanto à sua hipoatividade, normalidade ou hiperatividade.
- Análise e avaliação do funcionamento dos diversos sistemas vitais e o quão saudável está o comportamento dos órgãos relacionados a esses sistemas no ser humano.

- Análise e avaliação de causas raiz dos diversos desequilíbrios ou somatizações físicas na forma de doenças no ser humano.

No campo de análise de subsolo

- Detecção e análise de profundidade de fontes de água e de suas dimensões em termos de capacidade.
- Detecção e análise de profundidade de veios minerais e suas dimensões em termos de capacidade.

No campo de análise de propriedades

- Detecção e análise de energias multidimensionais e seus impactos em propriedades, imóveis e empresas.
- Detecção e análise de energias telúricas (interferências geobiológicas) e seus impactos em propriedades, fazendas e imóveis.

No campo de análise de objetos e ambientes

- Detecção e análise de energias multidimensionais que estejam atuando sobre objetos como por exemplo: quadros, equipamentos, aparelhos, veículos, roupas, acessórios, brinquedos etc.
- Detecção e análise de energias multidimensionais que estejam atuando sobre ambientes, sejam eles residenciais ou de negócios.

No campo de análise de influência dos seres elementais sobre este plano existencial

- Salamandras – elemental do fogo;
- Nereidas – elemental da água;
- Sílfides – elemental do ar;
- Gnomos – elemental da terra;
- Dríades – elemental das árvores.

No campo de análise de pragas ambientais

- Detecção e análise de pragas domésticas e em propriedades rurais, tais como: insetos, moluscos, roedores e répteis;
- Detecção e análise de energias multidimensionais que estejam atuando sobre animais domésticos em propriedades rurais ou urbanas, residenciais ou comerciais.

19.4 A Calibração do Pêndulo Radiestésico

O pêndulo radiestésico é um instrumento de precisão e, por isso, precisa passar por um processo de regulagem, chamado calibração, para que possa apresentar as leituras de maneira mais segura e confiável. A calibração nada mais é que o treinamento do cérebro do operador no que tange à interpretação de cada movimentação que o pêndulo emite, ou seja, trata-se de uma convenção mental.

Para isso, é preciso que você se mantenha em frente a uma mesa nivelada, com o gráfico de análise impresso à sua frente.

Na sequência, segure o fio do pêndulo entre os dedos indicador e polegar, deixando entre 8 e 12 cm de fio entre o pêndulo e os dedos, de modo que o pêndulo fique parado e completamente na vertical. Para isso, é recomendável que você apoie seu cotovelo na mesa.

A primeira calibração é a de mentalização e comando de oscilação:

- Primeiro para frente e para trás;
- Na sequência, para a direita e para a esquerda;
- Depois, circular no sentido horário;
- Na sequência, circular no sentido anti-horário.

A segunda calibração, é o convencionamento de leitura:

- Primeiramente, o indicador positivo, movimento circular, no sentido horário;
- Em segundo, o indicador negativo, movimento circular, no sentido

anti-horário;

- Em terceiro, afirmação (sim), movimento circular no sentido horário;
- Em quarto, negação (não), movimento circular no sentido anti-horário;
- Para testar a calibração, pergunte ao pêndulo se você é você, dizendo o seu nome;
- Se a calibração estiver correta, o pêndulo girará em sentido horário;
- Na sequência, pergunte ao pêndulo se você é você, só que dizendo o nome de uma outra pessoa;
- Se a calibração estiver correta, o pêndulo girará em sentido anti-horário.

Para facilitar o processo de calibração do seu pêndulo radiestésico, no Curso Quântica Para Todos, no módulo Radiestesia, temos uma aula que mostra na prática a calibração.

19.5 Como Usar o Pêndulo em Análises Energéticas.

Vamos agora compreender o uso do pêndulo a partir de mais dois casos concretos.

No primeiro, um carro de uma empresa era constantemente envolvido em acidentes de trânsito de forma inexplicável. Isso já incomodava e assustava os colaboradores que o utilizavam.

Neste caso, após o último acidente do veículo, a investigação com pêndulo revelou uma estrutura desconhecida por todos, dentro do porta-luvas do veículo, um trabalho de magia que foi colocado por um ex-colaborador que deixou, de forma conflituosa, a empresa.

Para este caso, de maneira específica, não foi permitida a ressignificação no local. O assunto foi, então, encaminhado para solo sagrado, no caso, um Centro Espírita, onde a egrégora energética do local pôde realizar o devido encaminhamento das energias e correspondente ressignificação.

Um empresário de muito sucesso, muito próspero, viúvo, repentinamente mudou completamente o seu comportamento, desconectando-se das suas empresas e seguindo pelo caminho da bebida.

A investigação com o pêndulo, neste caso, revelou uma ação espiritual da sua atual namorada para destruir o empresário e se apoderar do patrimônio construído por ele ao longo de mais de 50 anos de muito trabalho.

Após a ressignificação, ele recuperou o equilíbrio e conseguiu retomar o controle da empresa e de sua vida.

Todos esses casos aqui apresentados foram investigados e analisados a partir do uso do pêndulo radiestésico no formato que está sendo ensinado neste capítulo.

Os encaminhamentos foram realizados a partir de comandos da TQA – Terapia Quântica Aplicada, salientando que, para aqueles casos para os quais não houve permissão para a realização de comando, houve encaminhamento para solução em solo sagrado.

O primeiro passo para fazer uma análise energética com o pêndulo radiestésico é ter algo que esteja ligado ou faça referência a pessoa, propriedade ou objeto que vamos analisar. Chamamos isso de testemunho, que é qualquer referência, orgânica ou não, que represente aquilo que se deseja estudar. Podendo ser:

- O próprio objeto;
- Endereço completo, caso seja um imóvel, sala em um imóvel ou apartamento;
- Uma fotografia, um objeto pessoal, uma mecha de cabelo ou uma peça de roupa;
- Coordenada GPS em mapa.
- Um testemunho lexical muito importante é o nome completo e a data de nascimento da pessoa, que chamamos de endereço cósmico da Consciência no Universo.

Agora que você já tem como se conectar ao objeto que será analisado:

- Faça uma oração de agradecimento e peça para que seus protetores espirituais e anjos de guarda te protejam e te ajudem na leitura que será feita.
- Esse procedimento é importante, uma vez que o campo quântico não tem proteção própria e, no momento em que entrar em ressonância com a energia do objeto em estudo, momentaneamente, você está submetido à mesma energia do objeto.

- E então, se coloque a serviço do campo e dê início à leitura.

Agora vem a sequência de iniciação:

- Pergunte ao pêndulo se você tem "permissão" para acessar o campo do objeto em estudo;
- Agora, pergunte, novamente, se você "poderia" continuar com a análise do objeto em estudo;
- Em seguida, pergunte, novamente, se você "deveria" continuar com a análise do objeto em estudo.

Caso o pêndulo responda negativamente a alguma dessas perguntas, interrompa, imediatamente, a leitura.

Caso a resposta seja positiva para as três perguntas anteriores, você pode prosseguir. Você pode realizar vários tipos de perguntas. Para que suas perguntas sejam mais efetivas, é importante que você:

- Pergunte ao pêndulo sempre no tempo verbal Presente do Indicativo (posso, devo, continuo etc). Perguntas sobre o futuro (Futuro do Presente - poderei, terei, permanecerei etc) remetem a infinitas realidades alternativas e, por isso, trazem resultados conflitantes;
- Pergunte sempre de maneira objetiva, de maneira que a resposta, sempre seja Sim ou Não, Positiva ou Negativa;
- Faça as perguntas de forma mais clara e objetiva possível, eliminando todas as possíveis variáveis ou ambiguidades que possam interferir no resultado;
- Se está apoiado por gráfico de leitura com escalas, você pode fazer a pergunta aberta em relação ao que está analisando, e o pêndulo mostrará na escala do gráfico radiestésico.

Dentro da aplicação TQA, a Radiestesia fez-se muito válida para identificar as interferências energéticas no campo do partilhante, para análise de chakras e nível de calibração que o partilhante vibra, de acordo com a Escala Hawkins. Isso nos trouxe a possibilidade de fazer uma investigação mais profunda, por meio de novos atalhos, para a identificação da causa raiz de cada caso. Dessa forma, foi possível aprofundar e trazer resultados mais efetivos.

Para ajudá-lo a aplicar o Pêndulo Radiestésico em suas sessões de atendimento, convidamos você a conhecer o Curso Quântica Para Todos que traz um módulo específico de Radiestesia. Além disso, caso queira aprofundar-se e habilitar-se, temos um curso completo – o Radiestesia Para Todos, onde você encontrará tudo o que precisa para começar a utilizar a técnica com segurança.

CAPÍTULO 20
INTRODUÇÃO À NUMEROLOGIA CABALÍSTICA HERMÉTICA

20.1 O Que É A Cabala e A Árvore da Vida

A ascensão do ser humano rumo à iluminação passa pela jornada do conhecimento e pela prática continuada do amor. Dessa maneira, trilhar somente um dos dois caminhos, leva o ser humano inevitavelmente à queda. Todo conhecimento deve ser absorvido e utilizado para o bem maior e dentro das Leis que regem o Universo. O Universo no seu sentido mais amplo, englobando Tudo o Que É, todos os Universos Paralelos, todas as Dimensões e Planos Existenciais.

Figura 20.1.1 – O Sagrado Coração de Jesus.

Observe a Figura 20.1.1, medite um pouco na imagem e responda: o que ela quer mostrar? Essa imagem resume Tudo o que É, a mente iluminada (a luz do conhecimento), o amor em chamas (o ajudar), os espinhos (o domínio do ego), a cruz (o tesseract rebatido do cubo de Metraton que contém todas as formas geométricas possíveis do Universo) e, finalmente, os dedos apontando o rumo da ascensão. Existe uma linha tênue entre o indivíduo que busca o conhecimento para obter poder e, a partir disso, ajudar as pessoas, e o indivíduo que já ajuda as pessoas, busca o conhecimento e recebe o poder para potencializar sua assistência. Esse paradoxo está centralizado no EGO de cada indivíduo, sendo o exercício conjunto do conhecimento e do amor, o caminho do equilíbrio para a ascensão e para a iluminação espiritual.

Assim, compreende-se que o estudo da Cabala gera poder através do conhecimento das leis que governam o Universo. Na antiguidade, a Cabala tinha um significado mais amplo e se referia à Lei, que poderia ser tanto a lei oral quanto a de Moisés, a Torá - conhecida como Pentateuco em grego. A Cabala significa Tradição ou Aquilo Que É Recebido. O termo adquiriu o significado que possui hoje a partir do século XII, resultando na existência de duas escolas de Cabala.

- A do Judaísmo, tendo sua origem nas tradições judaicas;
- A Cabala Hermética, com sua origem na Renascença Italiana.

Para compreender melhor o uso da cabala na TQA, vamos nos ater aos estudos da Cabala Hermética. Nesse sentido, observa-se que as representações pictóricas, os gráficos e ilustrações são utilizados como recursos para a exploração interior. A Cabala está calcada na base numerológica decimal, bem como em seus impactos que estão, portanto, interligados aos próprios princípios quânticos inerentes a ela e seus desdobramentos. Desse modo, o motivo para estudar este tema na perspectiva da TQA está relacionado com as origens do Universo, assim como com questões filosóficas e existenciais no que concerne à numerologia cabalística.

Como essas bases refletem, em última instância, níveis energéticos e vibracionais associados à toda numerologia aplicada à Árvore da Vida, é possível que isso auxilie no entendimento de questões filosóficas acerca do funcionamento do Universo e nas possíveis soluções de queixas do indivíduo.

Assim, o estudo da numerologia cabalística envolve algumas variáveis que se inter-relacionam e se cruzam a todo momento. Dentre eles, é possível citar:

- Elementos filosóficos, aos quais se misturam a todo momento ao longo das análises;
- Elementos alquímicos, aos quais também se misturam a todo momento ao longo das análises;
- Elementos da própria numerologia em si, uma vez que todos os caminhos ocultos são interpretados a partir da composição numerológica e com base na Árvore da Vida.

20.2 As Casas de Aprendizagens

A Cabala é representada pela Árvore da Vida. Para o estudioso da Cabala, esta representação gráfica é um Mapa e, esse Mapa, é um diagrama que representa as forças operantes do Universo e, ao mesmo tempo, funciona como uma "base operacional" que nos oferece uma visão global, detalhada, coerente e concreta sobre todas as situações existentes. A força da Cabala manifesta-se por meio da Consciência Cósmica, ao conectar todos os seres humanos num mesmo Ser Essencial, que é "Deus".

Na Árvore da Vida, é possível observar as forças operantes do Universo. Essas forças são representadas por esferas numeradas de zero a dez, denominadas Comandos Operacionais, ou seja, são as Inteligências Cósmicas que designam os "vários poderes". E nós somos as manifestações dessas mesmas Inteligências Cósmicas.

Os espaços entre as estações de Comando são, portanto, denominados Caminhos Possíveis para as soluções viáveis, representando a sabedoria oculta da Cabala. Segundo essa sabedoria, é por meio desses espaços que aprendemos a utilizar nossa força interna.

Esses caminhos são, ao mesmo tempo, diagramas que mostram as possibilidades para que se possa chegar à divindade. Desse modo, esses espaços sagrados denominados Caminhos Ocultos, são numerados de 11 a 32, representando as forças da sabedoria, a parte que devemos encontrar para chegar à meta desejada.

É importante salientar que, quando se diz que a Árvore da Vida contém 32 Portas, é porque são 10 Estações correspondentes à situação em pauta, e 22 caminhos opcionais para se percorrer.

A Figura 20.2.1 apresenta a Árvore da Vida. A partir desta representação gráfica, é possível visualizar dois conjuntos de elementos.

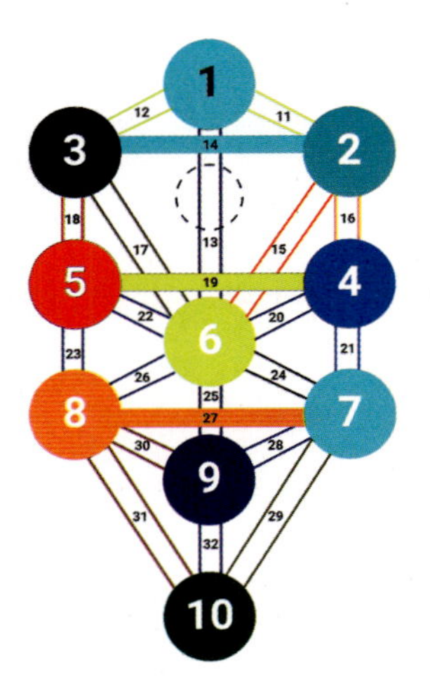

Figura 20.2.1 A Árvore da Vida.

Um primeiro conjunto que tem relação com as Casas de Aprendizagens, as quais ativam alguns Comandos Operacionais, são:

- Casa 1 – O Poder do Pensamento;
- Casa 2 – O Poder da Sabedoria;
- Casa 3 – O Poder do Entendimento;
- Casa 0 – O Abismo do Poder (A busca pelo conhecimento);
- Casa 4 – O Poder do Conhecimento;
- Casa 5 – O Poder da Avaliação;
- Casa 6 – O Poder da Decisão;
- Casa 7 – O Poder do Estabelecimento das Metas;
- Casa 8 – A Colheita da Semeadura;
- Casa 9 – O Alicerce do Poder;

- Casa 10 – O Poder de se viver intensamente no Planeta Escola, ou seja, a aplicabilidade dos sete poderes adquiridos ao longo do processo evolutivo.

Dessa premissa, advém o segundo conjunto de elementos que se refere aos caminhos que interligam as casas e à superioridade evolutiva que se alcança quando se trilha esses caminhos.

Os caminhos que nascem a partir da Casa 1:

- Caminho 11 – O Poder da Persuasão;
- Caminho 12 – O Bloqueio do Poder;
- Caminho 13 – O Poder da Transmutação.

Os caminhos que nascem a partir da Casa 2:

- Caminho 14 – O Poder da Limitação;
- Caminho 15 – O Desequilíbrio do Poder;
- Caminho 16 – O Poder da Reconstrução.

Os caminhos que nascem a partir da Casa 3:

- Caminho 17 – O Poder da Força Cósmica;
- Caminho 18 – O Poder da Magia.

Os caminhos que nascem a partir da Casa 4:

- Caminho 19 – O Poder da Visão Clara (A Via Rápida do Poder);
- Caminho 20 – O Poder da Revisão;
- Caminho 21 – O Poder da Concretização.

Os caminhos que nascem a partir da Casa 5:

- Caminho 22 – O Inesperado Poder;
- Caminho 23 – O Poder da Contenção.

Os caminhos que nascem a partir da Casa 6:

- Caminho 24 – A Impetuosidade do Poder;
- Caminho 25 – O Poder Aventureiro;
- Caminho 26 – A Perseverança do Poder.

Os caminhos que nascem a partir da Casa 7:

- Caminho 27 – O Poder da Ponderação;
- Caminho 28 – O Poder da Advertência;
- Caminho 29 – A Dádiva do Poder.

Os caminhos que nascem a partir da Casa 8:

- Caminho 30 – O Poder da Demarcação (Os Espaços Sagrados);
- Caminho 31 – A Via Tortuosa do Poder (Aplicação Negativa).

O caminho que nasce a partir da Casa 9:

- Caminho 32 – A Medida Certa do Poder.

20.3 Os Arquétipos

Sabe-se que arquétipo é um conceito explorado em diversos campos de estudo, como a filosofia, a psicologia e a própria Cabala. Esse conceito é utilizado para representar modelos de comportamento associados a um personagem ou papel social. Vejamos, pois, os 22 arquétipos que compõem a Árvore da Vida.

1 – Arquétipo – O Mago

Separar os elementos, número 1, ilimitado, ponto de partida, possui os 4 elementos, comanda a cabeça.

2 – Arquétipo – A Sacerdotisa

Programar o que se quer fazer, estudar o que fazer.

3 – Arquétipo – A Imperatriz

É o Canteiro de Obras e o Trabalho, é a porta de entrada e saída do Cosmos e fonte de todos os recursos para manifestação.

4 – Arquétipo – O Imperador

Direção, visão superior e domínio do conhecimento.

5 – Arquétipo – O Hierofante ou O Papa

Homem cósmico, conhecimento superior, separa o bom do ruim.

6 – Arquétipo – Os Caminhos ou Os Enamorados

Caminho central, da expansão, equilíbrio dos opostos, nem sempre o aparente é o melhor.

7 – Arquétipo – O Carro

Força Interior, o domínio dos opostos, a objetividade, a certeza, o pragmatismo e a orientação para resultados.

8 – Arquétipo – A Justiça

Ensina o Teatro da Vida; Quando jogo para mim, a responsabilidade é minha.

9 – Arquétipo – O Eremita

Fim de um ciclo, início de outro.

10 – Arquétipo – A Roda da Fortuna

É a grande virada, o eixo de virada dos quatro elementos, nova ideia, equilíbrio entre todos os corpos.

11 – Arquétipo – A Força

É o Mago duas vezes; Humano no homem espiritualista, quebrando a ordem cósmica; como você está consigo mesmo; pessoa que usufrui de tudo o de bom que a vida dá.

12 – Arquétipo – O Pendurado

Não podemos concretizar uma ideia, mas podemos reformulá-la e explorar a sinergia resultante da união entre o Mago e a Sacerdotisa.

13 – Arquétipo – A Transmutação

É o caminho do sacrifício: quando o ser humano não corta os excessos, o destino vem e tira - corte irreversível.

14 – Arquétipo – A Temperança

Ideia disciplinada, separa o que é bom do que é ruim. É preciso aguardar com paciência o tempo certo. Mago + Imperador = Mestre.

15 – Arquétipo – O Demônio

Indisciplinado. Falta de medida, de critério, de disciplina. Força animalesca (se está aprisionado ou aprisionando o outro).

16 – Arquétipo – A Torre

Raio cabalístico. Recomeçar uma nova meta. Desestrutura a pessoa e é preciso mudar a ideia.

17 – Arquétipo – A Estrela

Energia Cósmica. Tudo o que estava fechado está vindo à luz. Colocar o pé no chão, Saturno, esperança.

18 – Arquétipo – A Lua

Marte, a Lua é perigosa. Arquétipo sinistro, tem 4 faces, sombra oculta, algo não está certo; representa a conexão intuitiva do ser humano com o Todo Universal.

19 – Arquétipo – O Sol

É ilusório, tem mais Arquétipos dentro dele; as oportunidades. A via rápida do poder.

20 – Arquétipo – O Julgamento

Acabou e está voltando, refere-se a alguém do passado; em se tratando de perda, indica que é preciso procurar em lugares desconhecidos; mudou de estação, outra categoria de artista.

21 – Arquétipo – O Mundo

Meditar. Fechou o ciclo, programa que precisa de novas ideias, novos caminhos. A Concretização.

22 – Arquétipo – O Louco

Vão. Intervalo. O inesperado Poder.

20.4 A Cabala, a Numerologia Cabalística e a TQA

A Cabala e a Numerologia Cabalística Hermética (cármica) são elementos muito importantes na aplicação da TQA - Terapia Quântica Aplicada.

É por meio delas que fazemos duas análises fundamentais para o trabalho de identificação da causa raiz, que é uma das bases do nosso trabalho.

A primeira análise é determinar o perfil estrutural energético e comportamental da pessoa, o que nos ajuda a identificar algumas características muito representativas da Consciência Humana. Essas características são chamadas de Comandos Operacionais e os Caminhos Possíveis, que habilitam o desenvolvimento dos potenciais contidos em cada um de nós.

Nessa primeira análise, por meio da Numerologia Cabalística Hermética, é feito o cálculo do nome completo e da data de nascimento do partilhante para identificar o chamado número raiz – a redução numérica que representa a força imanente de cada ser.

A segunda análise é a identificação do período sazonal energético no qual se encontra o partilhante e, assim, verificar se a pessoa encontra-se em um momento em que sua energia vital está mais alta ou mais baixa.

Nessa segunda análise, o período sazonal é determinado, à luz da Numerologia Cabalística Hermética, pela soma do dia, mês e ano de nascimento. Reduzido a um dígito, marca a duração de cada período: o primeiro período representa a primavera, seguidamente verão, outono e inverno.

Com essas análises, podemos verificar se o partilhante está agindo, ou não, de acordo com seu período sazonal e com a força do seu número raiz.

Caso o partilhante apresente muito cansaço em um período que deveria ser de alta energia, é possível que algo esteja drenando essa energia e seja necessário efetuar uma limpeza em seu campo quântico.

Caso o seu número raiz descreva uma pessoa comunicativa e, durante a sessão, seja identificada uma atitude tímida, é possível que em algum momento da vida algo tenha acontecido e bloqueado essa característica. Com essa informação durante o atendimento TQA, podemos perguntar em qual momento surgiu a timidez, e esse momento pode ser uma das causas raiz a serem tratadas.

20.5 A Numerologia Cabalística Hermética (cármica)

A Numerologia é um estudo muito antigo e esteve presente em várias culturas com diferentes objetivos e abordagens.

Na sua essência, a Numerologia está conectada à Matemática baseada em Vórtex, que estuda a influência da energia dos números na vida humana.

A Numerologia é tão antiga quanto a Astrologia e a Astronomia. Seus primeiros registros são de 1.500 a.C, com os povos fenícios e babilônicos.

A Numerologia é uma área muito profunda e que requer dedicação, aprimoramento e pesquisa constante para seu entendimento.

A Figura 20.5.1 mostra o alfabeto babilônico que possuía 59 letras que também significavam nos números. Na sequência, a Figura 20.5.2 mostra a Tabela de Conversão que representa a base da Numerologia Pitagórica – Grega.

Figura 20.5.1 – Tabela do Alfabeto Babilônico.

UNIDADES				DEZENAS				CENTENAS			
A	α	alfa	1	I	ι	iota	10	P	ρ	rô	100
B	β	beta	2	K	κ	kapa	20	Σ	σ	sigma	200
Γ	γ	gama	3	Λ	λ	lambda	30	T	τ	tau	300
Δ	δ	delta	4	M	μ	mu	40	Y	υ	upsilon	400
E	ε	epsilon	5	N	ν	nu	50	Φ	φ	phi	500
Ϝ	ϛ	digama	6	Ξ	ξ	ksi	60	X	χ	khi	600
Z	ζ	zeta	7	O	ο	ômicron	70	Ψ	ψ	psi	700
H	η	eta	8	Π	π	pi	80	Ω	ω	ômega	800
Θ	θ	teta	9	Ϟ	ϟ	kopa	90	Ϡ	ϡ	san	900

Figura 20.5.2 – Tabela da Numerologia Pitagórica Grega.

Na sequência, a Figura 20.5.3 apresenta a representação gráfica da Tabela da Numerologia Pitagórica atual, que é a mais difundida e a mais utilizada para as análises numerológicas.

1	2	3	4	5	6	7	8	9
A	B	C	D	E	F	G	H	I
J	K	L	M	N	O	P	Q	R
S	T	U	V	W	X	Y	Z	

Figura 20.5.3 – Tabela Numerológica Pitagórica Atual.

א	ב	ג	ד	ה	ו	ז	ח	ט	י	כ
Alef	Beth	Guimel	Daleth	Hé	Vav	Zayin	Heth	Teth	Iod	Kaf
1	2	3	4	5	6	7	8	9	10	20
ל	מ	נ	ס	ע	פ	צ	ק	ר	ש	ת
Lamed	Mem	Nun	Samekh	Ayin	Fe	Tsade	Qof	Resh	Shin	Taw
30	40	50	60	70	80	90	100	200	300	400

Figura 20.5.4 – Tabela da Numerologia Cabalística.

A Figura 20.5.4 traz a representação gráfica da Numerologia Cabalística, que é baseada no conhecimento da Cabala e nas tradições hebraicas. Essa abordagem surgiu da união dos estudos da Torá e dos textos do Velho Testamento, sendo desenvolvida pelos rabinos.

Existe ainda a Numerologia Védica, desenvolvida com base nos ensinamentos Védicos Hindus que possui ligação com o Tantra, o *Ayurveda* e a Astrologia Lunar. Todas essas tradições têm ainda como base a teoria do "*Karma*" e do "*Dharma*" de vidas passadas, sendo, portanto, altamente determinista.

Finalmente, ainda se destaca a Numerologia Chinesa, centrada nos ensinamentos milenares chineses que também deram origem ao I Ching e a Astrologia Chinesa. Essa vertente é elaborada a partir do último algarismo do Ano de Nascimento, do Mês e Dia de Nascimento, e fazem analogias com os Símbolos Animais, aos 5 elementos e a correspondente Lua do Nascimento.

Aqui vamos tratar da Numerologia Kármica (Cabalística Hermética), a qual se utiliza dos cálculos da Numerologia Tradicional. Os resultados, porém, são interpretados com base nas lâminas do Tarô Cabalístico, ou seja, dos Arcanos Maiores e seus significados à luz da Árvore da Vida.

É a prática mais recente em relação às outras Numerologias. É, pois, uma "mistura" de conhecimentos antigos, que foge um pouco da linha de interpretação Numerológica Tradicional e conecta à simbologia Hermética.

Para aplicar a Numerologia Kármica, utilizamos o endereço cósmico (nome completo conforme registro legal atual e data de nascimento) da pessoa que será estudada, fazendo as seguintes análises de acordo com a Árvore da Vida:

- Análise numerológica da Data de Nascimento, para determinar o período sazonal e o perfil estrutural energético e comportamental da pessoa;
- Análise numerológica do Nome Completo do partilhante, para determinar o perfil estrutural energético e comportamental da pessoa;

- A Combinação Resultante das duas análises acima realizadas.

Assim se tem o Período Sazonal e o Ciclo Cósmico, de maneira que, seja a Data de Nascimento no formato DD/MM/AAAA. Passemos agora à demonstração do cálculo do Período Sazonal:

DD
+
MM
+
AAAA

———

RSDO

Com essas informações, podemos entender melhor a pessoa em atendimento e proceder da melhor forma para a identificação de suas causas raiz.

Para a análise de Perfil Estrutural e Comportamental, é realizada a partir da redução progressiva da data de nascimento até restar um único dígito, sendo que todos os resultados intermediários são interpretados à luz da Árvore da Vida.

DD / MM / AAAA
R1 R2 R3 e S1 (Reduções com Soma)
RF (Redução Final)

O Ciclo Cósmico será o Resultado da multiplicação do Período Sazonal por 4, aqui é importante se salientar que poderão existir Períodos Sazonais de 1, 2, 3, 4, 5, 6, 7, 8 e 9 anos.

A Figura 20.5.5 mostrada abaixo, apresenta o fluxo das estações cósmicas no período de tempo sazonal e o fechamento do correspondente ciclo cósmico das quatro estações, sendo que aqui é importante observar-se que o número do Período Sazonal é vinculado à Estação Cósmica, na qual o indivíduo está associado no momento da análise, o que serve para avaliar se há ou não, energia favorável do Cosmos ao seu desenvolvimento.

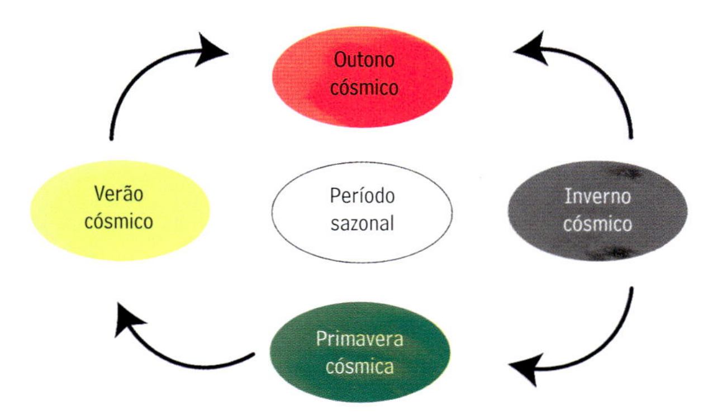

Figura 20.5.5 – O Ciclo Cósmico e Os Períodos Sazonais.

É possível, também, a partir deste tipo de abordagem realizar-se a Análise do Nome Completo. Essa análise é feita a partir da contagem das letras de todos os nomes, da direita para a esquerda, de modo que, cada nome é representado por um número, o qual é associado à Árvore da Vida para interpretação. O objetivo é somar os números para encontrar, por meio da redução, um único dígito, que é o número do nome.

Exemplo:

ÉRIK	**SILVA**	**DAVID**
14	**10**	**5**
5	**1**	**5**

Então, nesse estudo, leva-se em conta tanto o número final quanto todos os intermediários para uma completa análise.

Segue um exemplo de análise numerológica completa de Nome Completo e Data de Nascimento.

Endereço cósmico:
Nome: Érik Silva David
Data de nascimento: 22/06/1967

Cálculo do período sazonal e do ciclo cósmico

22/06/1967

P.S.= 6 anos
C.C. = 24 anos

22
+
06
+
1967
―――
6 ← 24 ← 1995

Análise energética e comportamental

22/06/1967

4 6 23 → 33
4 6 5
15
6

22 – O inesperado poder
6 – O poder da decisão
23 – O poder da contenção
33 – Caminho oculto, conexão cósmica
4 – O poder do conhecimento
5 – O poder da avaliação
15 – O abuso do poder
6 – Número final

Estação cósmico atual

1967 + 2 ciclos cósmicos = 2015 + 1 período sazonal = 2021

Este indivíduo está na sua Primavera Cósmica e vai até 2021

Endereço cósmico:
Nome: Érik Silva David
Data de nascimento: 22/06/1967

Análise numerológica do nome

Érik Silva David

14 10 5 → 29
5 1 5
11
2

14 – O poder da limitação
10 – O poder de viver intensamente no Planeta Escola
5 – O poder da avaliação
29 – A dádiva do poder
11 – O poder da persuasão
2 – O poder da sabedoria (número final)

Número RAIZ = 6 + 2 + 8

Observe-se que, a partir das análises dos algarismos resultantes e levando-se os mesmos às suas correspondências à luz da Árvore da Vida, é possível traçar-se um perfil energético comportamental de como o indivíduo sob estudo, é na sua essência.

Isso auxilia muito no processo de investigação e determinação de causa raiz das travas e sofrimentos desse indivíduo. Na sequência do próximo tópico, serão estudadas as características inerentes a cada período sazonal de tempo e suas correspondentes Estações Cósmicas.

20.6 O Período Sazonal e O Ciclo Cósmico

De acordo com a Lei do Ritmo da Filosofia Hermética, tudo no Universo oscila em um ritmo peculiar, sequencial e cíclico, assemelhando-se ao movimento de um pêndulo que oscila de um lado para o outro.

Assim também acontece com a energia vital no ser humano, uma vez que oscila ao longo de sua existência. Há, portanto, momentos na vida em que a energia vital está mais baixa. Há, por outro lado, momentos na vida em que essa energia se encontra mais elevada. É como se fosse um biorritmo cósmico regido pelo Universo.

O estudo da numerologia cabalística permite-nos, então, avaliar em qual momento energético o indivíduo está inserido. Afere-se, pois, por meio do cálculo do Período Sazonal, a partir da Data de Nascimento do indivíduo, conforme o mostrado no item 20.5.5 deste estudo.

Esse período sazonal está associado a alguns períodos de tempo, chamados de Estações Cósmicas, as quais são similares às Estações da Natureza. A partir desse conceito, observa-se um movimento cíclico da energia do ser humano que percorre as seguintes fases:

- A Primavera Cósmica;
- O Verão Cósmico;
- O Outono Cósmico;
- O Inverno Cósmico.

Assim, o Ciclo Cósmico do indivíduo inicia-se com a sua Primavera Cósmica, na data do seu Nascimento. Passa depois pelo Verão Cósmico, pelo Outono Cósmico, pelo Inverno Cósmico até chegar novamente em sua Primavera Cósmica, de forma a recomeçar o ciclo...

Conforme a quantidade de anos do Período Sazonal do indivíduo, ele permanecerá exatamente esse período de tempo em cada Estação Cósmica.

O Ciclo Cósmico tem, por sua vez, duração igual a quatro vezes a duração do Período Sazonal.

Neste momento, passa-se, então, ao estudo de cada uma das Estações Cósmicas conforme apresentado na sequência abaixo:

A Primavera Cósmica

Referência energética para o Ciclo Cósmico do indivíduo.

- **Características Básicas** – A Primavera Cósmica rege a energia de tudo o que é plantio, da germinação, de tudo o que é novo e incipiente na vida do indivíduo: novos estudos, novos cursos, novos relacionamentos, novos empregos, novos trabalhos, novos projetos, novos empreendimentos, novos negócios, novas empresas etc.
- **Considerações para TQA** – Caso o indivíduo, após a leitura, esteja na sua Primavera Cósmica e relate falta de energia, desânimo ou descrença para começar, executar ou realizar algo em sua vida, é preciso investigar seu campo vibracional. Isso ocorre porque esse comportamento não é compatível com o correspondente momento energético relacionado ao seu período sazonal.

O Verão Cósmico

Nível de expansão e multiplicação máxima da energia do indivíduo, quando comparada com a referência energética da Primavera Cósmica do Ciclo Cósmico do indivíduo.

- **Características Básicas** – O Verão Cósmico rege a energia de tudo o que é correspondente ao florescimento, a frutificação, a expansão plena da energia vital do indivíduo, ou seja, se trata do Cosmos multiplicando toda aquela energia do que foi plantado e que germinou.

- **Considerações para TQA** – Caso o indivíduo, após a leitura, esteja no seu Verão Cósmico e relate falta de energia, desânimo ou descrença para começar algo, para executar ou realizar em sua vida, é também preciso investigar-se o seu campo vibracional, uma vez que este comportamento é totalmente incompatível com o correspondente momento energético relacionado ao seu período sazonal.

O Outono Cósmico

É um nível de energia do indivíduo um pouco maior do aquele quando comparado com a referência energética da Primavera Cósmica do Ciclo Cósmico do indivíduo, uma vez que ele está recém-saído do seu Verão Cósmico e ainda recebe a influência da expansão ocorrida a partir deste momento.

- **Características Básicas** – O Outono Cósmico rege a energia de tudo o que é correspondente à colheita de tudo aquilo o que foi plantado, o que germinou, o que floresceu, o que frutificou, o que se expandiu e se multiplicou. Trata-se, pois, da ativação pelo Cosmos da energia de tudo aquilo o que foi manifestado.
- **Considerações para TQA** – Caso o indivíduo, após a leitura, esteja no seu Outono Cósmico e relate falta de energia, desânimo ou descrença para com os seus projetos, ausência de realização em sua vida. É necessário investigar o seu campo vibracional, uma vez que esse comportamento é incompatível com o correspondente momento energético relacionado ao seu período sazonal.

O Inverno Cósmico

É o nível mais baixo de energia experimentado pelo indivíduo quando comparado com a referência energética da Primavera Cósmica do Ciclo

Cósmico da pessoa. Nesse período do ciclo, o indivíduo passa a ingressar em um momento de profunda introspecção, assim como, de avaliação do Ciclo que se passou, preparando-se, então, para o novo ciclo que se iniciará logo na próxima Estação.

- **Características Básicas** – O Inverno Cósmico rege a energia da estagnação, de diminuição da capacidade de criação, de execução e de realização do indivíduo em todos os campos de sua vida, pois é um momento em que não há energia para ativação de tudo aquilo o que é novo ou para a expansão e crescimento, pois a energia fornecida pelo Cosmos é apenas para a manutenção da sua existência.
- **Considerações para TQA** – É importante que o indivíduo, caso após a leitura, esteja no seu Inverno Cósmico e relata falta de energia, desânimo, ou descrença para com os seus projetos, ausência de realização em sua vida, possa executar técnicas de transmutação mental, de meditação positiva, buscando elevar a sua vibração energética, saturando o seu inconsciente de pensamentos e de sentimentos positivos.

20.7 Os Portais do Destino e As Estações da Vida

A partir desse momento, passa-se ao estudo das Estações Cósmicas e suas correlações com os diversos momentos energéticos do dia a dia do indivíduo na sua trajetória de vida neste Planeta Escola.

A Primavera Cósmica – O Poder de Determinar

Fase do nascimento. É neste momento que as coisas nascem e renascem. Seu poder é a iluminação. Traz discernimento e clareza. É o poder do novo começo e da nova vida.

A primavera traz-nos o impulso da inspiração, da iluminação e da sabedoria. É o poder de decidir o modo como nós usaremos a energia que dispomos.

A Primavera Cósmica abre o Portal Leste de nossas Vidas

Portal Leste

Expressa a porta espiritual que você está abrindo neste momento em sua vida.
É a semente espiritual que necessita de terreno fértil e alimento.
A forma pela qual você consegue alimentá-lo depende da sua situação e do seu estado de espírito.

O Verão Cósmico – O Poder das Emoções

Este é o portal do crescimento. O poder desse portal é misterioso e traz consigo o poder de mudanças e de crescimentos.

Período para se explorar o amor, os relacionamentos, o mundo a nossa volta, explorar o Eu Sou.

A dona deste portal é a Senhora do Inconsciente que nos convida para examinar, serenamente, as nossas próprias sombras.

Esta é a estação da expansão, do crescimento e do progresso rápido, desfazendo o que não nos serve mais.

O Verão Cósmico abre o Portal Sul de nossas vidas

Portal Sul

Indica em que direção sua fé deve ser orientada, ou as situações nas quais uma perda de fé fez com que se sentisse fraco.
Você precisa determinar que enfoque toda a criança que existe dentro de você.
Esta criança conhece toda a verdade, devido à sua fé e inocência.

O Outono Cósmico – O Poder dos Desafios

Este é o lugar para tornar consciente o verdadeiro propósito de nossas vidas.
O outono é a fase da reclusão. Aqui as folhas secam e caem, e os últimos frutos são colhidos.

A colheita é guardada para o inverno. O ciclo mostra o crescimento na primavera, a exuberância no verão e agora se encaminha para o inverno.

É a época de colher o que semeamos na primavera e de concretizar nossos objetivos.

O Outono Cósmico abre o Portal Oeste de nossas vidas

Portal Oeste

Indica a colheita de tudo o que plantamos.

A última colheita com a qual aprendemos a curar as feridas antigas e a nos tornarmos curadores curados. Seremos, pois, desafiados a enfrentar os nossos medos, a evitar que a sombra impeça o nosso bem-estar.

É o tempo da maturidade. Aprendemos o equilíbrio entre olhar para dentro e agir para fora.

O Inverno Cósmico – O Poder de Enxergar

É um tempo de escuridão e quietude. A terra está parada e aparentemente adormecida.

Mas essa parada é somente exterior, em um período de descanso aparente, porque as energias mais profundas da Terra estão entrando em preparação para o crescimento rápido que está por vir.

O inverno marca, portanto, o início de um novo ciclo. É tempo de olhar mais para o nosso interior, a fim de encontrar uma nova Fonte de Luz e de Regeneração.

O Inverno Cósmico abre o Portal Norte de nossas Vidas

Portal Norte

Expressa a sabedoria que você alcançará caso siga um caminho verdadeiro e aplique o conhecimento adquirido por meio dos Portais anteriores.

O Portal Norte é também uma ferramenta que você pode utilizar para obter uma cura pessoal e/ou para descobrir quais as bênçãos pelas quais você deva ser grato neste exato momento de sua vida.

Aqui finalizamos, então, nosso estudo sobre as questões energéticas do ser humano nos diferentes momentos de suas vidas. Completa-se, pois, o conjunto de ferramentas-chave para que o Operador ou Terapeuta de TQA – Terapia Quântica Aplicada – possa atuar no processo de destravamento, energização e reprogramação de quaisquer indivíduos.

Amigo leitor, observamos, no entanto, que a Cabala e a Numerologia Cabalística Hermética (cármica) são conteúdos extensos e de grande profundidade. Por se tratar de um conhecimento vasto, o professor Érik trouxe para esse livro apenas o essencial para que você possa compreender a importância das noções elementares dessas sabedorias na aplicação da técnica TQA.

Para aprofundar nesse estudo, convidamos você para conhecer o Curso Quântica Para Todos que traz um módulo específico de Numerologia Cabalística, constando um passo a passo para fazer o cálculo numerológico e a análise do período sazonal.

O QPT (Quântica Para Todos) é um curso gravado pelo nosso Mestre Érik David, um legado que traz o entendimento do aumento do nível de expansão da consciência e que possibilita a transformação da sua própria vida a partir das leis que regem o Universo.

CAPÍTULO 21
DINÂMICA PARA ATENDIMENTO DO PARTILHANTE

21.1 Sequência de Atendimento - Autoaplicação ou Aplicação da TQA - Terapia Quântica Aplicada

Consoante a referida abordagem e a fim de conferir melhor aproveitamento e efetividade da ferramenta, seja em auto aplicação ou aplicação em terceiros, é recomendado que se siga a seguinte sequência em atendimentos:

1. Avaliação preliminar da energia do campo vibracional do partilhante, através da análise numerológica e da radiestesia;
2. Avaliação preliminar da energia da linha dos principais chakras do partilhante;
3. Entrevista e avaliação preliminar das queixas de desequilíbrios e somatizações físicas e/ou mentais;
4. Sentimentos e emoções relacionadas às relações familiares;
5. Sentimentos e emoções que o partilhante calibra naquele momento à Luz da Escala Hawkins;
6. Determinação e isolamento da causa raiz ou, eventualmente, das causas raiz, ou seja, origem das travas e bloqueios do partilhante;
7. Ancoramento energético a ser realizado antes de se abrir o campo para a execução dos comandos de reprogramação;

8. Execução dos comandos de liberação dos sentimentos, crenças ou emoções de baixa calibração à luz da Escala Hawkins do Nível de Consciência;
9. Execução dos comandos de ativação dos sentimentos e emoções de alta calibração à luz da Escala Hawkins do Nível de Consciência;
10. Execução de outros comandos específicos, tais como: Divórcio Energético, Alma Gêmea, Consciências Arquetípicas, Reparo e Ativação do DNA, Alteração da Realidade Alternativa que a consciência habita;
11. Execução do Comando de Encerramento específico para Fechamento do Campo Vibracional e encaminhamento das energias residuais;
12. Agradecimentos finais pelo sucesso do procedimento realizado e apoio da Egrégora Energética que sustenta a TQA – Terapia Quântica Aplicada.

21.2 Sequencial de Atendimento - Elementos de Atenção

Cuidados importantes durante a sessão de aplicação da TQA.

Em um momento preliminar, além da avaliação do nível de frequência energética vibracional, é possível detectar influências energéticas, possíveis perdas de energia oriundas da instalação de equipamentos, aparelhos, chips, ou implantes multidimensionais de baixa vibração e de alta densidade;

É muito importante que, caso seja detectado esse tipo de influência, seja realizada a limpeza e correspondente retirada e encaminhamento dessas estruturas, a fim de que a reprogramação tenha sucesso.

Em um momento posterior, é recomendada a utilização dos testes cinestésicos para confirmar o isolamento da causa raiz.

De acordo com a Escala Hawkins, as emoções estão hierarquizadas e têm um grau de profundidade entre os seus diversos níveis de consciência.

Afirmações que podem ser testadas:

- Eu me amo; Eu me respeito; Eu me valorizo; Eu me perdoo; Eu tenho autoamor; Eu sou merecedor; Eu me aceito; Eu sou abundante; Eu sou próspero; Eu sou vitorioso.
- Eu amo meu pai; Eu amo minha mãe; Eu amo minha família; Eu amo meu trabalho; Eu amo o que faço; Eu sou grato ao meu pai; Eu sou grato a minha mãe; Eu sou grato ao Universo; Eu sou grato à vida; Eu amo viver.
- Eu respeito e aceito a figura masculina; Eu respeito e aceito a figura feminina; O relacionamento amoroso é vida; Eu quero um relacionamento amoroso saudável; Eu mereço um relacionamento amoroso saudável.
- Eu mereço ser rico; Eu mereço ser próspero; Eu mereço ser abundante; Eu mereço ser vitorioso; A vida é uma aventura maravilhosa; Ter dinheiro é muito bom; A riqueza é algo saudável; Eu posso ser rico e espiritualizado.

21.3 Reforço e Alerta para as Questões de Auto Sabotagem

O ser humano, ao vir a este Planeta Escola, é destinado à grandeza e ao sucesso exponencial. Quando existe estagnação, retrocesso, sofrimento demasiado ou ausência de saúde, prosperidade e abundância em sua vida, é importante investigar o comportamento histórico de vida desta pessoa, tendo como objetivos a detecção, a identificação, o isolamento e a ressignificação da causa ou das causas raiz que acabam por gerar comportamentos autossabotadores e que podem ser identificados dentro dos seguintes grupos:

- **Crenças Limitantes** – Essas crenças geralmente não são propriamente da pessoa, mas são elementos gravados em seu inconsciente. Leva, pois, o indivíduo a se comportar de maneira alinhada a essas crenças de maneira autossabotadora. A título de exemplos podemos citar: homem não presta, mulher não presta, rico não vai para o céu, todo rico é mau caráter, só é rico quem tem sorte etc;
- **Implantes** – São crenças implantadas de maneira frequente desde a mais tenra infância da pessoa pelo ambiente no qual esteve/está inse-

rida, tais como: "Menino, lava a mão que dinheiro é sujo!"(sic); "Menina, cuidado com os homens que eles são perigosos!"(sic); "Menino, você não aprende, você é burro!" etc.;

- **Eventos Traumatizantes** – São eventos muito impactantes e que, de alguma forma, restam gravados no inconsciente da pessoa, tais como: falência financeira da família, divórcio hostil dos pais devido à traição de qualquer um deles, perda de um ente familiar muito querido, perda de um animal de estimação muito querido, violência física, violência sexual, aborto provocado etc.
- **Elementos de Constelação Sistêmica e Familiar** – Como a pessoa está emaranhada com pai e mãe de maneira sistêmica e quântica, todo sentimento negativo que ela tenha pelo seu pai e sua mãe espelha inevitavelmente nela mesmo, de maneira instantânea, levando-a a se comportar de maneira coerente, de modo a honrar esse sentimento. Por essa razão, essa pessoa sempre provocará um mecanismo de autossabotagem para que isso ocorra.
- **Elementos de Gestação e de Nascimento** – Sentimentos de rejeição por pai e mãe, de não pertencimento, de risco de vida da mãe na gestação da pessoa, ou de parto no momento de seu nascimento, podem também deflagrar sentimentos de autodepreciação, ou de não merecimento, provocando, a partir daí, comportamentos autossabotadores que impedem a cocriação com o Universo.

21.4 Somatizações de Catarse Pós-Atendimento

É importante observar, nessa altura, que, após o atendimento da TQA, é possível que ocorram algumas somatizações físicas. Essas somatizações podem surgir na forma de catarse, provocada pela resistência do inconsciente à liberação das ondas referentes aos sentimentos negativos, as quais estão nele gravadas.

Esse processo de catarse, na maioria das vezes, estende-se ao longo de, aproximadamente, 21 dias após o atendimento do partilhante e da correspondente Sessão de Reprogramação da TQA. Desse modo, dentre as diversas somatizações que podem ser observadas, podemos destacar:

- **Dores de cabeça fortes e sem explicação:** devido à liberação de sentimentos de dúvidas, inseguranças, incertezas, medo e correlatos, o Chakra Básico é acionado. Em razão, no entanto, da interligação entre os Chakras Básico e Frontal, os sintomas emergem por meio desse último chakra, por sofrer mais com os efeitos colaterais da transmutação.
- **Irritação forte e sem explicação:** devido à liberação de sentimentos de dúvidas, inseguranças, incertezas, medo e correlatos, o Chakra Básico é acionado. Em razão, no entanto, da interligação entre os Chakras Básico e Frontal, os sintomas emergem por meio desse último chakra, por sofrer mais com os efeitos colaterais da transmutação.
- **Coriza, tosse seca e/ou tontura leve:** devido à liberação de sentimentos de culpas, vergonhas e/ou remorsos o Chakra Sexual é acionado. No entanto, em virtude da interligação entre os Chakras Sexual e Laríngeo, os sintomas emergem por meio desse último chakra, por sofrer mais com os efeitos colaterais da transmutação.
- **Náuseas, ânsia de vômito e vômitos:** devido à liberação de sentimentos de mágoas, raivas, ódio e rancores por si mesmo e por terceiros, o Chakra do Plexo Solar pode naturalmente responder ao estímulo por meio desses sintomas.
- **Manchas vermelhas nos braços e pernas:** devido à liberação de sentimentos de tristeza, melancolia, angústia e ansiedade, o Chakra Cardíaco pode naturalmente responder ao estímulo por meio desses sintomas.
- **Aumento da urina e diarreia:** podem ocorrer, em razão da limpeza das toxinas, resíduos e venenos produzidos pelo efeito colateral dos sentimentos e emoções de baixa vibração.
- **Sonolência intensa e prostração:** devido à recombinação energética dos corpos sutis, o corpo físico busca o sono como caminho para se recarregar de energia.

Orienta-se, pois, ao Partilhante que NÃO consuma, nos primeiros 21 dias pós-atendimento, bebida alcoólica de qualquer natureza; NÃO receba atendimento de Constelação Sistêmica e Familiar, Barras de Access e Thetahealing; porque a hierarquia da frequência das ondas de informação produzidas nesses tratamentos é compatível com as hierarquias da TQA, o que pode provocar uma potencialização dos sintomas da catarse pós-atendimento na pessoa.

CONSIDERAÇÕES FINAIS

Ao longo do desenvolvimento da TQA – Terapia Quântica Aplicada, várias questões foram envolvidas na medida em que a terapia amadurecia e se fortalecia em seus embasamentos. Muitos saberes agregados a esse trabalho foram também sendo catalisados ao longo do seu desenvolvimento, a fim de que toda a sua orientação estivesse adequada a resultados práticos pautados na ressignificação dos indivíduos sob atendimento.

A principal diferença entre a TQA e outras abordagens, sejam elas holísticas, integrativas ou complementares, é a completa ausência de dogmas. Do ponto de vista do conhecimento aplicado, é uma abordagem inteligente, pois aprende e se desenvolve cada vez mais, potencializando diariamente seu *background* para aliviar o sofrimento humano e desbloquear a energia das pessoas, permitindo que elas realizem um salto quântico em todos os aspectos de suas vidas.

Essa obra é, portanto, o começo, e não o fim. Assim, sinto que, de alguma forma, toda a humanidade, em algum momento, beneficiar-se-á dos conceitos selecionados e conectados nesse estudo.

Então, a partir deste momento, o véu da ignorância será finalmente rasgado, a Metafísica fará parte integrante e consciente da vida das consciências humanas, de modo que conhecerão a si mesmas, seu próximo, seus pares e, por consequência; a vida tornar-se-á leve, feliz e impressionantemente agradável de ser vivida!

O "Despertar! Destravar! Saltar!" é a minha contribuição para a evolução de toda civilização humana, para a geração da minha pequena Maria Clara e para todas as gerações de seres humanos que ainda virão, a fim de deixar mais leve o seu caminhar, ao longo de suas trajetórias de aprendizado neste Planeta Escola.

Prof. Érik David MsC
TQA – Terapia Quântica Aplicada.

Amigo leitor, chegamos ao final da nossa travessia pelas páginas desse livro, porém esse pode ser apenas o começo da sua jornada.

Nos capítulos dessa obra, você conheceu a história de Patrícia, que em um momento de profunda dor, decidiu fazer jus à sua existência, praticando a caridade por meio de terapias. Também conheceu brevemente a história de Bosco, que dedicou sua vida a pesquisar e aprofundar na arte do desenvolvimento humano, além da significativa história do nosso querido professor Érik, que em três anos mudou completamente uma vida de executivo em grandes empresas para uma vida dedicada a projetos de evolução da alma, por meio do conhecimento das terapias holísticas, da ciência e de uma profunda autotransformação.

Cada uma dessas três pessoas é única e possui histórias de vida completamente distintas, mas estão unidas por três pontos que talvez possam conectar você também.

O primeiro ponto em comum entre eles é um desejo genuíno e sincero de ajudar o próximo e auxiliar seres humanos no caminho do Despertar.

O segundo ponto comum é uma dedicação profunda em pesquisar, testar e cocriar um método eficiente, com o objetivo claro de desvendar as raízes das travas que impedem a maioria das pessoas de evoluir em todos os campos de suas vidas e, então, removê-las e/ou ressignificá-las.

E o terceiro ponto é a disposição plena em sempre buscarem a luz que promove o salto quântico, tanto para si, quanto para todas as pessoas que os cercam.

Agora você pode estar se perguntando: como será que esses três pontos estão ligados a mim?

A resposta é que o simples fato de ter este livro em mãos já o conecta, de forma direta e profunda, a cada uma das pessoas que contribuíram para a criação da TQA.

Este livro possui, em sua essência, esses três pontos em comum de cada um dos fundadores da Terapia Quântica Aplicada, além de também trazer consigo todos aqueles que auxiliarão a difundir a TQA para o mundo.

Ao atrair este livro para a sua vida, você conectou-se profundamente ao campo do Despertar, Destravar e Saltar. E agora que terminou de ler essas páginas, você finaliza seu primeiro ciclo e abre, então, as portas que vão conduzi-lo a um novo salto.

Para nos aproximar cada vez mais, preparamos um caminho para que você possa seguir e se aprofundar nos temas relacionados ao Despertar, Destravar e Saltar.

Na elaboração deste livro, buscamos tratar da melhor forma possível, sobre cada assunto e aprofundar consideravelmente em cada tema, para que você seja capaz de realizar a autoaplicação da TQA. No entanto, estas páginas ainda não são suficientes para transmitir todo o conhecimento e o conteúdo referentes à TQA, à Quântica e a cada um dos assuntos que tratamos aqui.

Foi por isso que idealizamos a Jornada do Despertar, Destravar e Saltar, um caminho simples que requer de você apenas sinceridade no coração e vontade de aprender, para compartilhar esse conhecimento, que pode ajudar a destravar muitas pessoas no nosso planeta.

E como funciona a nossa Jornada?

Ela começa no Despertar que acontece quando você entra em contato com a gente por meio de algum dos nossos conteúdos ou até mesmo por meio deste livro.

Em seguida ela passa pelo Destravar, que acontece quando você faz a autoaplicação da TQA ou passa por uma sessão com algum dos Terapeutas TQA, certificados pelo Instituto de Desenvolvimento Humano TQA Brasil. Você sabe que o seu momento de Destravar chegou quando começa a ressignificar as causas raiz das suas dores e bloqueios; e a partir daí, prepara-se para o próximo passo desta peregrinação, o Salto.

O Salto Quântico, em sua essência, traz a possibilidade de se libertar das prisões invisíveis do passado, que proporciona naturalmente uma vida leve, plena e de crescimento contínuo.

E é nesse momento, quando ocorre o seu primeiro salto, que você percebe que este movimento é cíclico e sempre estará despertando para outras causas raiz que possam existir, destravando esses bloqueios e saltando degrau a degrau, pois o fluxo de vida no Planeta Escola ainda não permite saltarmos do zero ao infinito.

Por isso que, nesta jornada, entregamos um caminho de aprendizado contínuo, para que você possa estar sempre aprendendo e saltando, rumo aos níveis mais elevados da sua consciência nesta existência.

Com a conclusão da leitura atenta e desprendida de dogmas deste livro, você já viveu o primeiro ciclo, e agora nós o convidamos para viver o próximo ciclo que é aprender, diretamente com o Professor Érik, por meio das aulas gravadas e com os instrutores que foram treinados por ele.

E o que você aprenderá?

Você aprenderá e aprofundará diretamente, por meio da voz do Professor Érik, os mistérios da Física Quântica e sua aplicação no seu dia a dia, o poder dos números, as Leis que regem o universo e como aplicá-las na sua evolução, navegando nos oceanos da evolução humana, além de compreender melhor a Escala das Emoções Humanas e aprender diretamente com ele a utilizar o pêndulo radiestésico e a fazer análises numerológicas cabalísticas.

E passando por todos os conteúdos do Quântica Para Todos, além de receber de maneira simples e prática este conhecimento, você poderá participar da Formação de Terapeutas TQA e tornar-se, assim, um praticante certificado desta terapia disruptiva, que atua diretamente na transformação e liberação das emoções que travam as nossas vidas aqui no Planeta Terra.

Acreditamos que a TQA é amor, e também acreditamos que o amor é um verbo, uma ação.

Por isso convidamos você para tomar essa ação e vir conosco no caminho de Despertar, Destravar e Saltar o maior número de almas.

Para participar dessa jornada conosco, acesse o site e venha fazer parte da egrégora TQA:

Link: www.terapiaquanticaaplicada.com.br

Até lá!

E como dizia o mestre...

Paz Inverencial. A Paz do nível 10 elevado a 700 da Escala Hawkins do Nível de Consciência!

Gratidão Gratidão Gratidão!!!

Equipe TQA.

AGRADECIMENTO AO LEITOR

Meus caros, recebam a nossa mais profunda gratidão por terem se permitido, de coração e mente abertos, livres de julgamentos e de dogmas, que pudéssemos lhes explanar o trabalho de nossas vidas.

Torcemos para que possam aproveitar ao máximo o conhecimento que estamos compartilhando e que todos vocês possam realizar seu Salto Quântico e vivenciar transformações em todas as áreas de suas vidas.

Desejamos paz inverencial a todos vocês e Gratidão! Gratidão! Gratidão! Eterna ao Todo Universal por mais esta oportunidade!

Sejam todos muito bem-vindos a esta egrégora, de todo o nosso coração!

Prof. Érik e toda a Equipe TQA.

DISCLAIMER

O uso do conteúdo deste livro Despertar, Destravar, Saltar, por Érik Silva David (incluindo todos os seus recursos) em qualquer forma está sujeito aos Termos de Uso publicados na página eletrônica https://www.terapiaquanticaplicada.com.br.

É muito importante ressaltar que este livro não qualifica o leitor em utilizar a TQA de forma profissional, em consultórios ou aplicando em terceiros (partilhantes), e sim somente na autoaplicação seguindo a jornada do Despertar, Destravar e Saltar. Os terapeutas devidamente habilitados em TQA (Terapia Quântica Aplicada) têm, obrigatoriamente, que possuir o certificado emitido pelo Instituto De Desenvolvimento Humano TQA Brasil, que possui registro no INPI (Instituto Nacional da Propriedade Industrial) e certificação na ABRATH (Associação Brasileira dos Terapeutas Holísticos), que é a entidade de autorregulamentação de categoria profissional de terapeutas. É importante destacar que cada terapeuta, mesmo que esteja registrado conosco, atua de forma independente e é inteiramente responsável por suas ações na esfera jurídica ou cível.

Todas as informações contidas neste livro Despertar Destravar Saltar, por Érik Silva David, destinam-se apenas à orientação geral e não constitui aconselhamento, tratamento, prescrição, cirurgia, ou qualquer outro tratamento médico, e não deve ser usada no lugar de uma visita, chamada, consulta ou orientação de um médico ou de outro profissional de saúde. Os produtos ofertados em materiais complementares ao livro *Despertar*

Destravar Saltar, por Érik Silva David, não são substitutos para o cuidado médico. Se você tiver quaisquer perguntas relacionadas com cuidados de saúde, ligue ou consulte o seu médico ou outro profissional de saúde imediatamente.

As informações apresentadas neste livro Despertar Destravar Saltar, por Érik Silva David sobre a TQA - Terapia Quântica Aplicada e outras terapias alternativas, complementares e/ou técnicas de energia, não se destinam a diagnosticar, curar, tratar ou prevenir qualquer problema médico ou distúrbio psicológico, nem para ser usado como um substituto para a procura de cuidados de saúde mental.

Você deve procurar atendimento médico imediato para quaisquer problemas de saúde específicos e consultar seu médico antes de ter qualquer tratamento holístico/complementares/estético/espirituais.

Você é o(a) único(a) e exclusivo(a) responsável pelos danos que vier a sofrer pela utilização indevida da obra, bem como pelos danos que vier a causar a terceiros pelos mesmos motivos.

Por fim, tome todas as medidas de segurança para que você e/ou terceiros não violem nenhum direito de propriedade intelectual. Em caso de qualquer violação à propriedade intelectual de que venha a ter conhecimento, notifique, imediatamente, à TQA BRASIL.

REFERÊNCIAS BIBLIOGRÁFICAS

AL-KHAFAJI, Mazin; DEADMAN, Peter. *Manual de acupuntura*, 2012.

ANTÔNIO, Rodrigues. *Os gráficos em radiestesia*, 2002.

APOMETRIA, Sociedade Brasileira de. *Curso oficial de apometria*, 2006.

BLAVATSKY, Helena. *A doutrina secreta*, 1888.

BUNN, Karl. *Doutrina secreta gnóstica,* 2012.

CAIRO, Cristina. *Linguagem do corpo,* 1999.

CITRO, Massimo. *O código básico do universo,* 2014.

COUTO, Hélio. *Alquimia consciencial,* 2018.

COUTO, Hélio. *Aplicações práticas da mecânica quântica e da ressonância harmônica*, 2017.

COUTO, Hélio. *Mentes informadas,* 2016.

CROWLEY, Aleister. *O livro de Toth,* 1944.

DAHLKE, Rüdger. *A doença como linguagem da alma*, 1992.

DE'CARLI, Johnny. *Reiki: sistema tradicional japonês*, 2014.

EISBERG, Robert; RESNICK, Robert. *Física Quântica*, 1979.

FORTUNE, Dione. *A cabala mística*, 1935.

GERBER, Richard. *Medicina vibracional,* 1992.

GOLDSMITH, Joel S. *A arte de curar pelo espírito,* 1959.

GOLDSMITH, Joel S. *O caminho infinito,* 1947.

GOSWAMI, Amit. *O universo auto consciente*, 1993.

GREENE, Brian. *O universo elegante*, 2001.

HAMER, Ryke Geerd. *The Germanic New Medicine*, 1981.

HAWKINS, David. *Power vs. force*, 2012.

HAY, Louise L. *Cure seu corpo*, 2004.

HELLINGER, Bert. *A cura*, 2014.

HELLINGER, Bert. *Ordens do amor*, 2007.

HELLINGER, Bert; TEM HÖVEL, Gabriele; *Constelações familiares*, 2010.

HODOIN, Wilfried. *O código sagrado do tarot*, 2004.

JODOROWSKY, Alejandro. *O caminho do tarot*, 2013.

JOHARI, Harish. *Chakras*, 2010.

KELDER, Peter. *A antiga fonte da juventude*, 2002.

KRYON. *As doze camadas de ADN*, 2012.

LAITMAN, Rav Michael. *O Zohar*, 1975.

LAWLOR, Robert. *A geometria sagrada*, 2005.

MADUREIRA, C. Mariana. *Curso básico de cabala*, 2019.

MARCH, Marion D. *Curso básico de astrologia – Volume I*, 1999.

MARCH, Marion D. *Curso básico de astrologia – Volume II*, 1999.

MILLER, Joan P. *O livro dos chakras, das energias e dos corpos sutis*, 2015.

MURPHY, Joseph. *Conversando com Deus*, 1962.

MURPHY, Joseph. *Milagres da mente*, 1952.

MURPHY, Joseph. *O poder do subconsciente*, 1963.

NETO, Elias Abrão. *Radiestesia, Radiônica, Geobiologia & Domoterapia*, 2017.

ODOUL, Michael. *Diga-me Onde Dói e Eu Te Direi Porquê*, 2002.

Os Três Iniciados. *O Caibalion*, 1978.

PENNICK, Nigel. *Geometria sagrada e as origens da civilização*, 2002.

PLANCK, Max. *The Origin and Development of the Quantum Theory*, 1920.

PRAMAD, Veet. *Curso de tarô e seu uso terapêutico*, 2011.

PROCTOR, Bob; REID, Greg S. *Thoughts Are Things*, 2014.

RODRIGUES, Antônio. *Radiestesia prática e ilustrada*, 2018.

RUIZ, José Roberto. *Curso básico de radiestesia prática (Pêndulo),* 2019.
SCHUCMAN, Helen. *Um curso em milagres,* 1976.
SHRÖDINGER, Erwin. *Space Time Structure,* 1950.

SKINNER, Stephen. *Geometria sagrada: descifrando el codigo,* 2007.

STIBAL, Vianna. *Advanced ThetaHealing,* 2009.
STIBAL, Vianna. *ThetaHealing,* 2006.

STIBAL, Vianna. *ThetaHealing Deseases & Disorders,* 2010.

STONE, Joshua. *O manual completo da ascensão,* 1994.

STONE, Joshua. *Psicologia da alma,* 1999.
TURANNY, Sulla. *Os tipos de numerologia,* 2018.

USUI, Mikao; PETTER, Franka. *Manual de reiki do Dr. Mikao Usui,* 1999.
WANG, Robert. *O tarô cabalístico,* 1999.
WEOR, Samael Aun. *As três montanhas,* 1972.
WEOR, Samael Aun. *O caminho iniciático nos arcanos do tarot e da cabala,* 1967.

WEOR, Samael Aun. *Tratado de medicina oculta,* 1952.

ZHUFAN, Xie. *Manual prático de medicina chinesa,* 2008.

Obras religiosas:

ALCORÃO. Português. Trad. Mansour Chalita; pref. Ahmed e Austregésilo de Athayde. Rio de Janeiro, 1993.

BÍBLIA. Português. Bíblia Sagrada. Tradução de Padre Antônio Pereira de Figueiredo. Rio de Janeiro: Edição Ecumênica,1980.

KARDEC, Alan. *O Espiritismo,* 1856.

SAMDUP, Lama Kazi Dawa. *O livro dos mortos tibetano,* 2003. (Original por Mestre Padmasambhava no século VIII A.C.)